Siete fracasos que han cambiado el mundo

Siete fracasos que han cambiado el mundo

Del lavavajillas a la telefonía móvil

Llorenç Valverde

EDITORIAL UOC

Diseño de la colección: Editorial UOC

Primera edición en lengua castellana: septiembre 2014

Gran Via de les Corts Catalanes, 872, 3a planta
08018 Barcelona
www.editorialuoc.com

Realización editorial: Oberta UOC Publishing, SL
Impresión:

ISBN: 978-84-9064-225-2
Depósito legal: B-19.064-2014

Llorenç Valverde

Llorenç Valverde (Felanitx, 1953). Licenciado en Matemáticas por la Universidad de Barcelona y doctor en Informática por la Universidad Politécnica de Catalunya. Es catedrático de la Universidad de las Islas Baleares desde 1989. En 1985 obtuvo el premio Barcelona de Estudios e Investigaciones en Ciencia Cognitiva y Lógica, mientras era profesor de la Universidad Politécnica de Catalunya, de la cual llegó a ser catedrático en 1988. Ha realizado varias estancias de investigación en universidades y centros de investigación de Europa y Estados Unidos. Es autor de numerosos artículos científicos y editor de varios libros publicados por prestigiosas editoriales especializadas.

Entre 2006 y 2013 fue vicerrector de Tecnología de la UOC. Durante estos años lideró los equipos responsables de varios proyectos relacionados con el uso de las tecnologías para la educación, entre los cuales destaca el nuevo Campus Virtual de esta universidad, desarrollado completamente por medio de software libre, y que ha significado la definición de una nueva generación de entornos virtuales de aprendizaje caracterizada por la personalización, la flexibilidad, la modularidad, la estandarización y la interoperabilidad.

Colabora habitualmente en medios de comunicación y es autor de varias obras de divulgación, la última de las cuales se publicó en 2009 con el título *Amorrats al teclat* (Ed. El Gall, Mallorca). La habían precedido *La seducció de les noves tecnologies* (Ed. Hiperdimensional, 2003), *L'endoll foradat: màquines i humans* (Llibres del Segle, 1994) y *En Joanet de l'ordinador. Rondalla informàtica* (en colaboración con Joan Genís Valverde, Edicions Cort, 1994).

Els vencedors són els que escriuen la Història.
És forçós, doncs, que hi hagi una altra Història...

(Los vencedores son los que escriben la Historia.
Es forzoso, pues, que haya otra Historia...)

Blai Bonet, Retrat i autoretrat

Per A. A. V., la meva gran [r]espos[t]a.

Indice

Agradecimientos **15**

Prólogo **17**

¿Cómo era la pregunta? **21**
1. Milagros 21
2. El verdadero motor de la invención 28
3. La historia de los artefactos tecnológicos
y los ganadores 37

PARTE I. EQUIVOCARSE ES COSA
DE HUMANOS 41

Ramon Llull y los errores de los infieles **43**
1. No hay nadie más beato que un pecador arrepentido 43
2. Disputar por autoridad no da reposo
(de los *Proverbios de Ramon,* 1296) 49
3. El mejor libro del mundo contra los errores 53
4. La figura 4 del *Ars Magna* 58
5. Una máquina para evitar errores humanos 60

Charles Babbage y los errores aritméticos **63**
1. La siesta de Babbage 63

2. El cálculo de la longitud 72
3. Las máquinas de Babbage 79
4. Y, a pesar de todo, funciona 88

La porcelana china de los Cochrane 91
1. Josephine G. Cochrane 91
2. De tal palo tal astilla 96
3. Los lavavajillas de Josephine 100

¿Strowger? Créame, es mejor Smith 107
1. Sin enaguas 107
2. El conmutador 113
3. Pero, ¿quién había inventado el teléfono? 116
4. El Strowger Automatic Telephone Exchange 122

PARTE II. NO HAY SOLUCIÓN SIN PROBLEMAS 127

Ordenadores personales: Antes de que el estúpido gobierno pueda hacer nada 129
1. No hay solución que no plantee problemas 129
2. El secreto de las pequeñas cajas azules 132
3. El mundo en sus manos 139
4. La imaginación como límite 147
5. Extender el intelecto 156
6. Inventar el futuro 161

Internet: Colaborar y compartir 171
1. Ocio y diversión 171
2. Un millón de dólares en veinte minutos 182

3. La leyenda urbana.. 194
4. Llega internet... 199
5. Los BBS 205

Telefonía móvil: Una cuestión de puntería....... 211
1. Magia y torpedos 211
2. El hombre que inventó el siglo XX
(y parte del XXI) 215
3. La mujer más bella del mundo................................ 226
4. El músico vanguardista.. 236
5. El tamaño, a veces, sí que importa.......................... 244

Así pues, la pregunta era... 257

Referencias.. 269

Agradecimientos

La idea de escribir este libro empezaba a estar madura cuando, en otoño de 2005, Imma Tubella me propuso incorporarme –como vicerrector de Tecnología– al equipo de gobierno de la UOC, lo que significó que el proyecto fuera a parar a un cajón, o mejor dicho, a una carpeta de mi ordenador. Aun así, la idea persistía, ya que fueron muchas las personas –entre ellas la propia Imma– las que tuvieron que escuchar –más de una vez– las historias que contiene. Con mucha condescendencia, todas ellas sin excepción, me animaron a no abandonarlo. Por consiguiente, además de las excusas por mis acaparadoras historietas, quiero hacer constar mi agradecimiento a estas personas por su paciencia y sus ánimos.

La oportunidad de escribirlas me la brindó el actual rector de la UOC, Josep A. Planell, quién me proporcionó lo que más necesitaba para poder ponerlas negro sobre blanco: el tiempo. A Enric Banda le agradezco el tiempo y el esfuerzo dedicado a leer el manuscrito y luego a escribir el cuidadoso y espléndido prólogo, y a Josep Maria Oliveras sus gestiones en el proceso de publicación de este libro. En el curso de la redacción, los consejos y las indicaciones de Jaume Claret e Isabel Picallo han sido cruciales para mejorar el contenido y, por lo tanto, también quiero reconocer y agradecer su interés y ayuda generosa. Ton Sales, Andreu Bosch, Pere Fabra, Rafel

Macao, Tomeu Mestre *Balutxo*, Biel Oliver *Majoral*, entre otros, han leído el manuscrito y han contribuido enormemente a su mejora. Joan Genís también ha metido baza y ha hecho aportaciones valiosas. Antònia, además de haber aguantado estoicamente el estrés de los meses de redacción, ha leído pacientemente las historias a medida que iban saliendo y, después, por añadidura, ha leído todo el libro de un tirón. Sin sus ánimos constantes no hubiera podido acabar este libro. A todos ellos mi gratitud y mi reconocimiento. Dicho esto, soy el único responsable de los errores que pueda haber.

Prólogo

Este es, en mi opinión, un libro francamente agradable y muy interesante de leer gracias a la sabiduría y al sentido práctico con que Llorenç Valverde usa su formación como matemático y su dedicación a las tecnologías de la información y las comunicaciones. Desde el principio, Valverde pone de relieve que sigue la estela de la teoría desarrollada por Taleb en su libro *El cisne negro*, es decir, un acontecimiento atípico y de gran impacto del que siempre se buscan, a posteriori, explicaciones que encajen con nuestro modelo previo, sin tener en cuenta el papel que haya podido tener el azar. Quiero destacarlo de entrada porque esta idea –ustedes lo comprobarán– impregna cada una de las páginas de este libro, a través de los avances tecnológicos que trata.

Es un libro que podría haber resultado enrevesado, difícil, no apto para los profanos en la materia, si se hubiera escrito como una historia de la tecnología en el sentido clásico. Por el contrario, Valverde, obviando tecnicismos innecesarios que podrían aburrir o hacer abstrusa la comprensión, ha escrito un libro casi novelado, lo que hace que su lectura sea deliciosa para los amantes de la novela, como yo mismo. Es un libro, pues, que tiene un hilo argumental que invita a continuar hasta el final para conocer el desenlace. Y todo ello, de la mano de unos personajes que, junto con la tecnología, son los protagonistas de la historia.

Por otro lado, el texto es altamente informativo. Incluso las personas que, de una forma o de otra, sin ser especialistas, estamos cerca de la tecnología y de su desarrollo, podemos descubrir muchos hechos poco conocidos o, simplemente, desconocidos.

Valverde no se limita a hacer un inventario –magnífico, por otro lado– de los "fracasos" que han resultado en acontecimientos improbables (como los "cisnes negros") sino que también pone en cuestión el "sistema pregunta-respuesta" que parece regir el progreso de la investigación científica y de la humanidad. Por eso enfatiza que los grandes inventos siempre van de la mano de personas que no provienen de sectores directamente implicados en el invento. Además, a lo largo del libro está muy presente el "debate de la propiedad intelectual", a pesar de que no profundiza en ello (soy consciente que sería el tema de otro libro). Tampoco deja pasar la oportunidad de introducir sus comentarios personales o de hacernos notar con claridad el intervencionismo de EE.UU. cuando se trata de luchar por su propio beneficio tecnológico y, por lo tanto, económico. Por todo ello puede decirse que el libro contiene, además de una parte informativa, una parte que podríamos definir como ensayística.

También es un libro sorprendente porque descubre aspectos inéditos de los "fracasos" que finalmente han dado como resultado inventos que, como afirma el autor con mucha razón, han cambiado el mundo. Por ejemplo, que Ramon Llull, en su afán por combatir los errores humanos, acabó diseñando un artefacto mecánico (que nunca funcionó, de ahí el fracaso) que, según Valverde, inició la tendencia a la utilización de máquinas para evitar errores humanos y que Leibniz se inspiró en los trabajos de Llull. O que, a principios del siglo XIX, fueran los peluqueros, que la Revolución Francesa había dejado sin trabajo al eliminar las pelucas, los que hicieron de calculadores de las tablas de logaritmos, lo que Babbage intentó mecanizar. O que el propio Babbage utilizara la técnica de las fichas perforadas que los fabricantes de tejidos usaban en sus telares para conseguir todo tipo de dibujos. Este sería, pues, el primer intento de programar una máquina en la historia de la tecnología. Cómo también resulta sorprendente que una artista de Hollywood, originaria de Europa, de vida agitada y considerada "la mujer más bella del mundo", fuera responsable, junto con un músico vanguardista, de la patente que está en la base de la telefonía móvil y de algunos sistemas de comunicación que usamos hoy en día. Estas son una pequeña muestra de las sorpresas que ustedes encontrarán.

Creo que este libro es un tratado de cultura tecnológica. Y, por lo tanto, es un acierto que la Universitat Oberta de Catalunya lo haya querido editar. Y yo invito a las lectoras y a los lectores a descubrirlo y disfrutarlo.

Enric Banda (marzo de 2014)

¿Cómo era la pregunta?

1. Milagros

Los fabricantes de velas no inventaron las bombillas eléctricas.

Hablando en propiedad, tampoco las inventó Thomas Alva Edison. Como ha ocurrido con muchos otros inventos e inventores, una cosa es lo que explican las versiones oficiales y otra muy distinta la verdad. En el caso de las bombillas, Edison se "inspiró" en los trabajos de Joseph Swan, un electricista y químico británico que se le adelantó algunos meses en la patente de la bombilla eléctrica. La de Edison –otorgada en Estados Unidos– es una copia de la que el Reino Unido otorgó a Swan. Cuando el inventor americano intentó registrar su patente en Londres, se tropezó con la de Swan y no le quedó otro remedio que asociarse con el británico y fundar una empresa conjunta para explotar el invento. Edison tenía el dinero y la visión comercial, pero en el Reino Unido, Swan tenía la patente. Poco tiempo después, Edison se hizo con la parte del negocio de Swan y, al parecer, con la historia-leyenda que le otorga la paternidad absoluta del invento, hasta el punto que llegó a afirmar a un periodista, en uno de los ataques de soberbia que parece que no le eran muy ajenos, que "Si no he inventado la bombilla eléctrica, no he inventado nada"[1]. Pero, el hecho es que Swan y Edison son solo dos de los integrantes de la lista de esforzados inventores –que se remontan a principios del siglo XIX– que persiguieron tenazmente el objetivo de hacer unos dispositivos que convirtieran la electricidad en luz de una forma segura y fiable. Edison trabajó de lo lindo para mejorar el invento de Swan y ambos tenían claro que la viabilidad de las bombillas eléctricas dependía de que hubiera electricidad para que funcionasen y, por consiguiente, montaron compañías de suministro de electricidad que dieran sentido a su invento. De ahí que todavía hoy las bombillas sean la principal fuente de luz artificial y también que la historia hable de ellos, especialmente de Edison, y no de los otros que, de una manera u otra, les abrieron el camino.

Publicidad de la empresa de Edison y Swan

Fuente: http://aviationancestry.com

Lo cierto es que ninguno de los inventores que persiguieron –con o sin éxito– la invención de las bombillas eléctricas

---

1. Citado en http://americanhistory.si.edu/lighting/bios/edison.htm (consultado el 19 de diciembre de 2013).

no era fabricante de velas. Si hubiera sido por ellos, por los fabricantes, posiblemente hoy aún nos iluminaríamos con velas que serían respetuosas con el medio ambiente, consumirían poco, serían de colorines y presentarían toda una serie de innovaciones considerables. Pero seguirían siendo velas.

Las bombillas, acompañadas del desarrollo y el despliegue de la energía eléctrica, supusieron una ruptura que convirtió las velas en simples objetos ornamentales. Por eso a la innovación que implicaron las bombillas eléctricas se la llama rupturista, para distinguirla de la otra innovación, la evolutiva, la de las velas, o la que nos ha llevado de las primeras bombillas a las actuales, de bajo consumo o basadas en diodos leds. La innovación rupturista, en definitiva, rompe y hace desaparecer objetos o esquemas del pasado y, a menudo, lo hace de una forma imprevisible, inesperada.

Posiblemente Niels Bohr, premio Nobel de Física en 1922, pensaba en la innovación rupturista cuando escribió en una carta a un amigo: "Hacer predicciones es muy difícil, especialmente si son sobre el futuro". Por su parte, la filósofa política Hannah Arendt aseguraba que "lo que es nuevo siempre pasa contra las agobiantes posibilidades de las leyes estadísticas y su probabilidad, lo que, para todos los propósitos prácticos y cotidianos, equivale a la certeza, y, por lo tanto, aparece siempre bajo la apariencia de un milagro".

Más recientemente, estos milagros han sido descritos como "cisnes negros" por Nassim Nicholas Taleb, en un libro que lleva el mismo título.[2] Para Taleb, un "cisne negro" es un acontecimiento que reúne tres características esenciales.

2. Taleb, N. N. (2007). *The Black Swan. The Impact of Highly Improbable.* Nueva York: Random House.

En primer lugar, es un acontecimiento atípico, puesto que se encuentra fuera del ámbito de las expectativas regulares, porque no hay nada en el pasado que pueda apuntar, de manera convincente, a su posibilidad. En segundo lugar, tiene un "impacto" extremo. Y, en tercer lugar, a pesar de ser atípico, la naturaleza humana hace que nos inventamos explicaciones sobre su ocurrencia después del hecho, para convertirlos en explicables y predecibles. Y es que los "cisnes negros" están con nosotros desde el principio.

Dejando a un lado la misma aparición de los seres humanos y de lo que denominamos inteligencia, el acceso a la tecnología por parte de los humanos sería uno de esos acontecimientos atípicos, con un impacto extremo y para el que nos habríamos inventado explicaciones convenientes y plausibles. Así, por ejemplo, una de estas explicaciones viene de la mano de un tecnólogo que cuenta la creación del reino animal según la mitología griega: después de crear a todos los animales, y antes de dotar a cada una de las especies con sus dones característicos, Zeus, exhausto por el trabajo, decide tomarse un descanso y encarga a los hermanos Prometeo y Epimeteo la tarea de repartir entre los animales los dones que les han sido reservados. Epimeteo, con más generosidad y precipitación que cordura, reparte de forma alocada estos dones: zarpas, velocidad, alas, cuernos, etcétera. Por eso cuando le llega el turno al último animal de la creación, es decir, a los humanos, no le queda ningún don, lo que nos convierte en los animales naturalmente más indefensos del reino, dado que en el reparto no nos habría tocado nada. Prometeo, cuando ve el entuerto, roba a los dioses un don que les es reservado en exclusiva como es el fuego –el control del fuego, la tecnología– y se lo da a los humanos. De este modo, la tecnología se nos presenta como un accidente provocado por la poca cordura de Epimeteo y como recurso de urgencia –y, por consiguiente, imprevisible– para la supervivencia de los humanos.

Cuando Zeus despierta de su reparadora siesta y se da cuenta de que los humanos disfrutan de un don exclusivo para los dioses, se enfada. Encadena a Prometeo a una roca y cada día envía a un águila que le arranca un trozo de hígado. Además, casa a Epimeteo con Pandora, los expulsa del Olimpo y les condena a vivir entre los humanos. Por añadidura, y envenenado por la rabia, les envía, como regalo de bodas, la caja de Pandora, llena de males terribles e infinitos. Así queda patente que la tecnología, en cualquiera de sus formas, tiene siempre dos caras, una buena y otra mala. O una mala y otra peor, que diría un neoludista, es decir, uno de aquellos militantes agresivos en contra del progreso técnico. Podríamos acabar aquí, pero sería injusto hacerlo sin recordar que Zeus, cuando se le pasó el enfado, en lugar de retirarles aquel don, envió a Hermes con dos regalos únicos también para los humanos, necesarios para poder usar la tecnología de forma conveniente, como son el sentido de la razón –la cordura– y el sentido de la justicia. Además, Hermes tenía el encargo explícito de hacer llegar esos dones a todo el mundo y no solo a unos cuantos escogidos, puesto que una comunidad difícilmente puede sobrevivir solo gracias a los expertos. A pesar de que hay muchísimas evidencias sobre el escaso grado de cumplimiento que Hermes logró en la segunda parte del encargo, cabe decir que el balance final, para los humanos, se decanta claramente del lado de los beneficios que la tecnología nos ha proporcionado.

En definitiva, y si damos por buena la interpretación de que la tecnología nos llega por accidente, no ha de sorprender que muchos de los inventos que hoy son esenciales para nuestra forma de vida también nos hayan llegado por accidente o, dicho con más finura, de forma "serendípica" y de la mano de inventores que no tenían nada que ver con el sector en el que se aplica el invento, a menudo porque el propio invento es el que abre y da sentido a este sector. Tampoco tendría que sorprendernos que la utilización actual de algunos de estos inventos no tenga nada que ver con las motivaciones y los objetivos de sus creadores.

Ramon Llull y su *Ars Magna,* Charles Babbage y sus máquinas de calcular, Josephine Cochrane y su lavavajillas, Almond Strowger y el conmutador que hizo posible la automatización del sistema telefónico, son algunos de los ejemplos de "cisnes negros" que nos proponemos explorar en este libro. Todos ellos perseguían el objetivo de evitar errores humanos y, por eso, idearon y construyeron artefactos mecánicos destinados a evitar, dentro de lo posible, la intervención humana. Difícilmente podían llegar a imaginar que hoy, en lo que sería una revancha perversa de la tecnología, damos por buena la idea de que, a pesar de que equivocarse es humano, para estropear aún más las cosas, lo que hace falta es precisamente una máquina.

Paradojas y revanchas aparte, lo cierto es que estos no serían los únicos inventos cotidianos que también son el resultado de acontecimientos surgidos de la mente de personas atípicas, que han tenido mucho impacto y que han intentado presentarnos como si fueran predecibles a partir de explicaciones más o menos peregrinas o completamente ignoradas por las historias oficiales. También forman parte de esta categoría los ordenadores personales, creados como un producto contracultural que tenía por objetivo contrarrestar el poder que las tecnologías de la información ponían en manos de gobiernos y grandes corporaciones, con la paradoja de que precisamente hoy el uso generalizado de estos enseres, combinados oportunamente con internet, ha llegado a ser la principal herramienta de control de la ciudadanía por parte de gobiernos y grandes corporaciones. O el propio internet, ideado, pensado y construido para compartir recursos, lo que hoy genera reacciones airadas de determinadas formas del pasado que no están de acuerdo en consentir que, efectivamente, compartamos todo lo que compartimos a través de la red de redes. Y un último "cisne negro", este de la mano de una actriz de cine, Hedy Lamarr, que en los cuarenta era considerada la mujer más bella del mundo, quien, con la ayuda de un pianista, George Antheil, empecinado en hacer música con artefactos mecánicos, idearon y patentaron un sistema seguro para teledirigir torpedos por radio, un sistema que, al fin y al cabo, es el mismo que, veinte años más tarde, hizo posible la telefonía móvil y que todavía hoy se emplea en los teléfonos domésticos inalámbricos y en los dispositivos Bluetooth, entre otros.

En resumen, la figura 4 de la *Ars Magna* de Llull, las máquinas de Babbage, el lavavajillas, el conmutador de Strowger, los ordenadores personales, internet y la tecnología de base de los teléfonos móviles son los siete inventos que explora este libro: qué, quién, cómo, cuándo y por qué de estos auténticos milagros o "cisnes negros" que justifican con creces la afirmación de Bohr sobre las predicciones y el futuro. Son historias curiosas, posiblemente sorprendentes para muchos, pero que no son las únicas que ponen en evidencia que, hasta hace muy poco, la historia de los inventos –igual que la otra historia– también la han escrito los ganadores.

Afortunadamente, el tiempo acaba poniendo las cosas en su lugar y ahora ya tenemos acceso a las versiones reales de los hechos. Es el caso de las bombillas eléctricas, pero también de otros inventos, algunos de los cuales también forman parte del relato del libro: como el teléfono, la radio, los chips y los ordenadores electrónicos. Todos ellos fueron objeto de controvertidas patentes que originaron conflictos, algunos de los cuales todavía no están completamente resueltos.

2. El verdadero motor de la invención

Prometeo, con su acto de rebelión, nos regala la tecnología y, con ella, uno de los principales medios que nos ha permitido vivir en comunidad. De ahí la necesidad de la cordura y el sentido de la justicia para todo el mundo y no solo para los expertos. A la postre, las distintas formas de tecnología pueden ser vistas como muestras de nuestra reacción ante la disconformidad manifiesta respecto a los hechos tal como son: no queremos tener frío y por eso se inventan los vestidos, las casas para protegerse de las inclemencias del tiempo, la agricultura para no tener que ir a buscar la comida... No era suficiente con llegar a cualquier parte por tierra y se inventan los barcos, y si se puede ir más allá, tienes que poder decir a los tuyos que ya has llegado y, por lo tanto, tienes que comunicarte... Y un largo, muy largo, etcétera.

A Prometeo hay que añadir otro agente de cambio esencial: lo que hoy denominamos diversidad funcional. Si todos hubiéramos sido unos homínidos perfectos, todos iguales y sin ninguna tara o diversidad, entonces el círculo virtuoso de la vida de los humanos también habría sido perfecto: por la mañana, ir a cazar o a pescar y, una vez conseguida la comida, volver a la cueva a descansar hasta el día siguiente. Y así un día tras otro. Un círculo que se rompe cuando algunos de estos homínidos resultan diferentes, no pueden seguir el ritmo de los demás y se convierten en un estorbo para el grupo de cazadores o pescadores: han de quedarse en los alrededores de la cueva, sin hacer nada, y así empiezan a hacerse preguntas, y con las preguntas, a veces, llegan las respuestas. Unas respuestas que casi siempre son parciales o aproximadas, lo que genera, a su vez, nuevas preguntas, y así sucesivamente, en lo que hemos denominado rueda del progreso de la mano de la innovación.

Está claro que los inventos, en general, serían una de las claves de esta rueda y los que se analizan en este libro tienen en común que su concepción no obedece a una necesidad primaria, esencial para la supervivencia, a pesar de que en algunos casos han tenido y tienen un gran impacto en nuestra forma de vida. Serían, por consiguiente, ejemplos de lo que defiende Henry Petroski:[3] que la necesidad no es el motor de la innovación, sino que, de hecho, uno de los grandes motores de las invenciones es el lujo, puesto que si bien es cierto que los humanos necesitamos aire y agua para vivir, también es evidente que no es esencialmente necesario que este aire tenga que ser acondicionado, ni que el agua

3 Petroski, H. (1992) *The Evolution of Useful Things: How Everyday Artifacts-From Forks and Pins to Paper Clips and Zippers-Came to be as They are*. Nueva York: Alfred A. Knopf.

tenga que ser fría de la nevera. Hay que comer, pero no es esencial que lo hagamos con tenedor y cuchillo. Es un deseo adicional, creado artificialmente. Por otro lado, Petroski argumenta que el principio que gobierna muchas innovaciones es siempre el mismo: dado que no hay nada que sea perfecto, y nada puede serlo porque nuestro concepto de perfección no es estático, sino que varía con el tiempo, todo, absolutamente todo, es susceptible de ser cambiado para mejorar sus prestaciones de acuerdo con las nuevas exigencias, a pesar de lo que aseguraba Aristóteles: "es característico de una mente instruida descansar satisfecha con el grado de precisión permitido por la naturaleza de cada asunto, y no buscar la exactitud allá donde solo es posible una aproximación a la verdad". Y precisamente el mundo progresa por eso, por la carencia de conformidad con el grado de precisión permitido por la naturaleza de cada asunto, ya que la perfección es un deseo imposible de alcanzar.

Petroski añade que, a menudo, estas nuevas exigencias son incompatibles entre sí, de forma que el problema que se ha de resolver no tiene solución. Y como no la tiene, lo único que queda es una aproximación a la solución, una aproximación que puede mejorarse para llegar a otra solución, también aproximada, lo que genera la rueda llamada progreso. Y como ejemplo simple cita el de las mesas de comedor: se pide que tengan un tamaño oportuno para atender a las necesidades de una familia de tres a cinco miembros así como para el espacio de las viviendas normales de hoy en día. Pero a la vez, también se exige que sirvan para las reuniones familiares de los grandes acontecimientos, cuando tienen que dar cabida a veinte o más personas. Está claro que son requisitos incompatibles y que el problema, en realidad, no tiene una solución perfecta. Por eso actualmente podemos encontrar una gran diversidad de mesas de comedor: extensibles, con alas, plegables... Todas ellas solo pueden ser simples aproximaciones al problema real y, por consiguiente, susceptibles de ser mejoradas.

Dibujos originales de la patente de la pinza de tender ropa de Smith de 1853

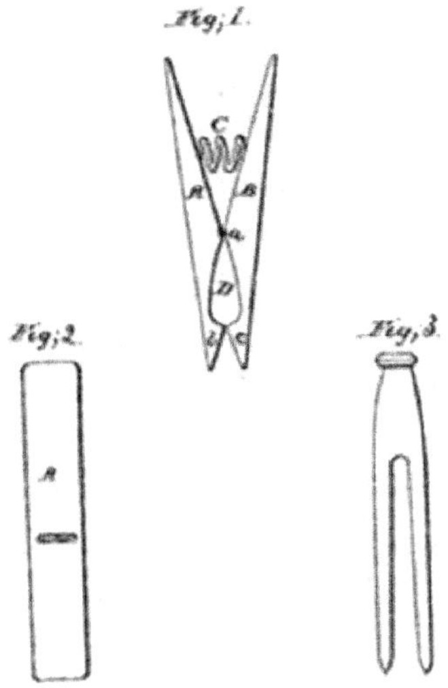

Fuente: Elaboración propia a partir de la patente

Y para que no se diga que no hay ejemplos sin contraejemplos, hay un objeto cotidiano y simple que se obstina a desmentir a Petroski, por lo menos respecto a la imposibilidad de encontrar soluciones exactas. Un contraejemplo serían las pinzas para tender ropa tal como siguen siendo hoy en día, según lo que se explica en un reportaje que publicaba la revista *American Heritage of Invention and Technology*[4] en 2006: la forma tradicional de este utensilio fue objeto de una patente en 1853 por un inventor de apellido Smith, que mejoraba la primera patente de pinzas para tender ropa, registrada 21 años antes, en 1832. Aun así, parece que los primeros indicios de uso de pinzas de madera corresponden a pescadores que las empleaban para tender en las barcas la ropa que se les había mojado mientras trabajaban. Hasta el invento de 1853, las pinzas de tender ropa más sofisticadas tenían la forma que se puede ver en la figura 3, según la patente de Smith. La descripción de esta patente de 1853 afirma que "juntando con los dedos las dos partes superiores de las patas, las dos partes inferiores se abren, lo que permite poner la pinza fácilmente en el artículo o prenda de ropa que tiene que colgar del hilo. Luego, aflojando la presión de los dedos en el muelle, se unen las partes inferiores, que sujetan la prenda de ropa".

Smith lo tenía claro, ya que asegura que esta sujeción resiste el viento y no deja marcas en la ropa, entre otras ventajas de su invento. Pese al acierto que demuestra su persistencia en el tiempo, en los años siguientes se produjo un auténtico alud de patentes de pinzas que trataban de mejorar la de Smith. Hubo hasta 146 en los cincuenta años siguientes. La única mejora sensible fue la de Solon E. Moore, quien, en 1887, patentó la pinza tal como todavía es hoy. Posteriormente, se moderó la fiebre y los inventores dirigieron sus esfuerzos hacia otros inventos. Pero solo se moderó, porque parece que todavía no ha finalizado. De hecho, una de las últimas patentes registradas está fechada en enero de 2005.

4 Lahey, A. (otoño, 2006). "The Better Clothespin". *American Heritage of Invention and Technology* (pág. 38-43).

Dibujos originales de la patente de Moore, de 1887

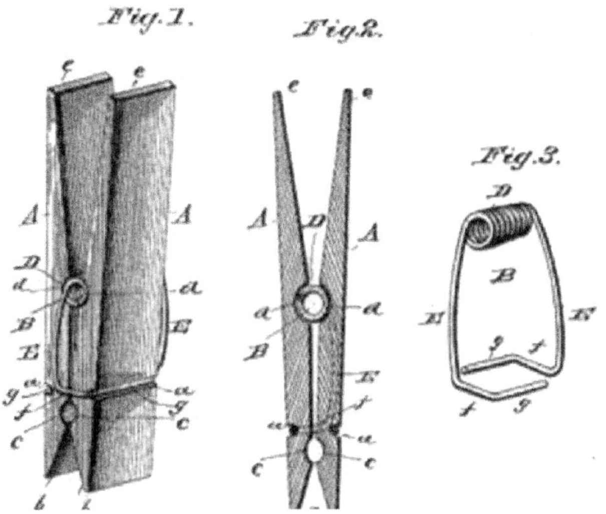

Fuente: Elaboración propia a partir de la patente original

La mayoría de estas patentes tratan de mejorar aspectos como la capacidad de sujeción o la fuerza necesaria que ha de aplicarse para facilitar su uso, por ejemplo, a personas con problemas de artritis y afecciones parecidas. Entre las patentes recientes, destaca la de una pinza hecha de plástico de una sola pieza, que a pesar de no haber triunfado, ahora ocupa un espacio en el MoMA –el Museo de Arte Moderno– de Nueva York por las características de su diseño. También en 2005 un estudiante de ingeniería y diseño de Londres obtuvo cierta fama por el diseño de una pinza que usa señales eléctricas para predecir el tiempo, de forma que, en caso de amenaza de lluvia, la pinza en cuestión se bloquea y hace imposible su uso. Eso la convierte en la primera –y posiblemente única– pinza de tender ropa realmente "inteligente".[5] Sin embargo, actualmente, salvo alguna excepción notable, la inmensa mayoría de pinzas son de plástico y están fabricadas en China. Algún antiguo fabricante americano se queja de que buena parte del desuso en el que han caído las pinzas reside –secadoras eléctricas, aparte– en la expansión de los pañales desechables, inventados para resolver los problemas obvios de los primeros astronautas. Así, los fabricantes de pinzas de tender ropa se convierten en una de las víctimas colaterales de la carrera espacial americana, que perseguía el sueño de hacer llegar un hombre a la Luna, y lo que era más difícil, hacerlo regresar a la Tierra sano y salvo. Una obsesión que nos ha permitido disponer de internet, pero que acabó con las pinzas de tender ropa.

De este modo, algo tan simple y cotidiano como una pinza para tender ropa se convierte en un ejemplo paradigmático de solución perfecta a un problema, tan perfecta que, por más que lo hayan intentado muchos, no ha habido forma de mejorarla. Y a partir de aquí, por añadidura, la innovación pasa de ser una necesidad a un lujo, como demuestran las patentes más recientes. Lo que no significa que no se tenga que seguir intentando mejorarla, aunque sea infructuosamente. No encontrar una mejora real puede significar dos cosas: o que no sabemos lo suficiente o, como en el caso de las pinzas de tender ropa, que posiblemente sea la solución definitiva al problema planteado. Afortunadamente, para la rueda del progreso, los casos como el de las de las pinzas no son muy frecuentes.

Aun así, se tiene que ir con cuidado a la hora de identificar la persistencia de una solución con su exactitud, dado

5 http://www.engadget.com/2005/07/19/smart-clothespins-keep-laundry-out-of-the-rain/

que, a veces, la persistencia puede ser debida a otras razones como, por ejemplo, la dependencia del camino o de la trayectoria (*path dependency*, en inglés). Este sería el caso de los teclados *qwerty*, habituales todavía hoy en todo el mundo, con excepciones notables, como los teclados franceses.

Dibujo de la patente de Sholes de 1896, que muestra las dudas del inventor sobre el teclado *qwerty*.

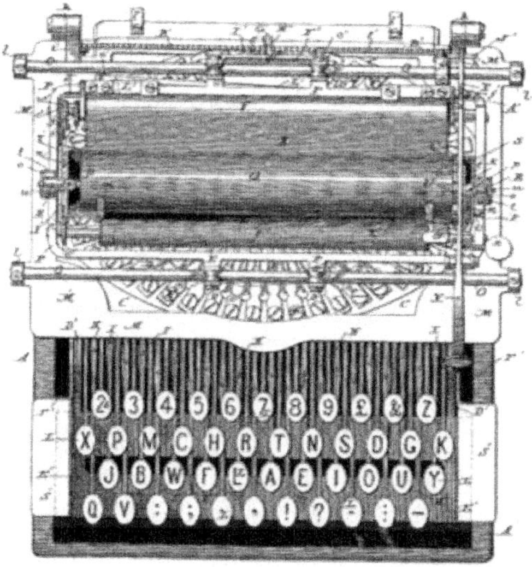

Fuente: Elaboración propia a partir de la patente

Afirma una leyenda –bastante extendida– que la disposición actual de las teclas responde a la necesidad de frenar la velocidad de tecleo de las primeras máquinas de escribir, en las que los martillos que se activaban con cada tecla estaban dispuestos siguiendo un arco de circunferencia. Si el teclista apretaba dos teclas con los martillos consecutivos con mucha rapidez, era frecuente que los dos martillos quedaran enganchados, ya que la parte final de su trayectoria coincidía. La leyenda argumenta que la disposición de las letras en los teclados respondería a la necesidad de separar los dígrafos –parejas de letras– más frecuentes en la lengua inglesa. Estudios recientes apuntan que esta historia no deja de ser una leyenda y que el inventor de la máquina de escribir, C. L. Sholes, antes de optar por el teclado *qwerty* había probado varias disposiciones de letras, y que llegó a esta colocación después de seguir los consejos de teclistas expertos, como los operadores de telégrafo. Remington, una empresa fabricante de armas, decidió diversificar el negocio y empezó a explotar la primera patente de Sholes, que data de 1878. Pronto se dieron cuenta de que, junto con las máquinas de escribir, también se habían de vender cursos de mecanografía para ayudar a los compradores a hacer un uso más eficiente de las máquinas. Aparecieron otros fabricantes y pronto se llegó a un acuerdo para convertir la disposición del teclado en un estándar.

El mismo Sholes mostró dudas sobre la conveniencia de los teclados *qwerty*, ya que en una patente de 1896 presenta una máquina con otra disposición de teclado. Tampoco sirvió de nada que, hacia los años treinta, Dvorak presentara el teclado que lleva su nombre y que está pensado para reducir de forma muy significativa la distancia que recorren los dedos en un día normal de tecleo: con uno de estos teclados, el recorrido sería de unos dos kilómetros, mientras con un teclado *qwerty*, el mismo trabajo requiere entre quince y veinticinco kilómetros. Eso no ha sido suficiente para desplazar estos últimos teclados, un desplazamiento que haría inútil la gran multitud de cursos y de especialistas en su manejo. Todo ello sin olvidar los problemas de salud laboral asociados a estos quilométricos desplazamientos de los dedos sobre el teclado. La dependencia de la trayectoria convierte la solución imperfecta en una de muy difícil sustitución, tanto que parece que es la única viable.

3. La historia de los artefactos tecnológicos y los ganadores

Akio Morita, fundador de Sony y presidente de la multinacional japonesa hasta 1994, siempre se había vanagloriado de ser el inventor del walkman, ya que era el dispositivo ideal para dar satisfacción simultánea a sus dos principales aficiones: escuchar música clásica y jugar a golf. Seguramente por eso, Sony le hizo pasar un auténtico calvario a Andreas Pavel, un inventor que en 1977 había patentado en varios lugares de Europa y en Estados Unidos el llamado "Stereobelt", el cinturón estereofónico, un aparato con unas funcionalidades esencialmente iguales que el walkman, que Sony empezaría a fabricar y vender –con el éxito conocido por todo el mundo– dos años después. Pavel había intentado infructuosamente comercializar su invento desde 1972, pero las grandes compañías del sector lo habían rechazado porque consideraban que nadie querría mostrarse en público llevando unos auriculares.

El caso es que Sony ya había pagado los derechos a Pavel por algunos detalles de su patente, pero no le quería reconocer la paternidad de todo el invento, y no fue hasta 2004, cinco años después de la muerte de Morita, que dio su brazo a torcer y llegó a un acuerdo extrajudicial con él. Lo indemnizó con una cantidad estimada en más de diez millones de dólares y, sobre todo, por la vía de los hechos, le reconocía la paternidad del invento. Aun así, algunos tribunales habían fallado en contra de Pavel a partir de la consideración de que su patente correspondía a tecnologías que ya existían con anterioridad. Argumentos como este y la potencia económica de Sony consiguieron ahogar a Pavel, que estaba arruinado y prácticamente a punto de desistir. Finalmente, la persistencia de su reivindicación acabó dando buenos resultados y nos proporcionó otro ejemplo documentado y flagrante de como la historia de los inventos tecnológicos también está escrita, por lo menos en primera instancia, por los ganadores. A lo largo de este libro, aparecen otras parejas –e incluso, algún trío– que, como la pareja Morita-Pavel, se convierten en ejemplos clamorosos de quien escribe la historia y de cómo ha de pasar el tiempo para que, a veces, puedan desenmascararse las falacias asociadas. Por consiguiente, cuando hay fracasos involucrados, es muy probable que el relato de los hechos si no ignora cosas esenciales, esté deformado y adoptado por los considerados ganadores.

Esquema del Stereobelt de Pavel, tal como aparece en su patente de 1977

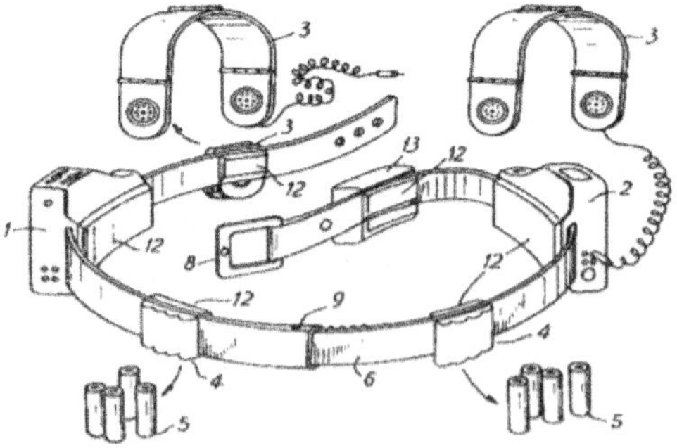

Fuente: Elaboración propia a partir de la patente

Este libro pretende ser un relato del contexto y de las motivaciones, ciertamente atípicas, y generalmente desconocidas por el gran público, de inventos que están en la base de nuestra forma de vida actual, a pesar de que, en realidad, no dejen de ser historias de fracasos. Así, Ramon Llull no consiguió un método infalible para evitar errores de razonamiento; Babbage no consiguió acabar ninguna de sus máquinas; los lavavajillas de Josephine Cochrane tardaron más de sesenta años en llegar a los hogares; Strowger tuvo que vender sus conmutadores a la Bell; los ordenadores personales no nos han liberado del control de los gobiernos y las grandes corporaciones; los ideólogos y constructores de internet y sus motivaciones siguen siendo desconocidos; finalmente, la patente de Lamarr y Antheil fue un secreto militar hasta la década de los ochenta, cuando ya había empezado el despliegue de la telefonía móvil. Posiblemente esta –la del fracaso– es una de las razones que ayuda a explicar su desconocimiento. En definitiva, este libro también trata de ser una reivindicación de estos innovadores: sus aportaciones han sido muchas veces menospreciadas por los estamentos oficiales de sus sectores respectivos, los cuales, a lo sumo, se han limitado a relatar de paso la pura anécdota asociada, sin prestar atención a su verdadera contribución.

Con todo, el libro está escrito sin más pretensiones que las asociadas al dicho de Hanna Arendt: "explicar historias es la manera de desvelar el significado sin cometer el error de definirlo".

Primera parte
Equivocarse es cosa de humanos

El hombre está hecho para el error; entra en su mente de forma natural, y descubre algunas verdades solo con esfuerzo.

Federico el Grande

Ramon Llull y los errores de los infieles

1. No hay nadie más beato que un pecador arrepentido

En el centro de la isla de Mallorca, entre Algaida y Llucmajor, está el Puig de Randa. Con una altura de 543 metros, es un lugar privilegiado desde donde se puede ver el Pla de Mallorca en todas direcciones, de Tramuntana a Migjorn y de Llevant a Ponent, la Serra de Tramuntana, la de Llevant, buena parte de la costa de Llevant, Cabrera, Es Cap Blanc y la bahía de Palma. A pesar de que la –supuesta– civilización ha dejado sus huellas en forma de construcciones, carreteras y líneas eléctricas, así como en instalaciones de comunicaciones, con una gran antena de radar de los americanos, no resulta nada difícil imaginar cómo era el paisaje que podía contemplar desde allí Ramon Llull (1232-1315) cuando, en 1273, lo escogió como el lugar ideal para retirarse de la vida mundana y entregarse a la meditación, gracias a la cual le llega "la Iluminación" que lo lleva a dedicarse a la tarea ingente de construir un sistema filosófico de alcance universal para encontrar la verdad. Su objetivo último era demostrar que la religión cristiana era la verdadera entre todas las religiones. Ramon Llull se propuso encontrar un sistema que hiciera posible interpretar y representar la realidad, llegar a la verdad y demostrarla usando la razón. A pesar de que su objetivo era demostrar la irrefutablilidad de la fe cristiana, su método pretendía ir mucho más allá, dado que quería ser universal.

Ramon Llull acabó plasmando su método en un libro que tenía que ser "el mejor contra los errores de los infieles" y viajó intensamente para difundir su bondad y experimentarla, a menudo poniendo en riesgo su vida. Pero lo más curioso es que este libro, el *Ars Magna*, contiene un dispositivo mecánico, formado por tres discos concéntricos –con el exterior fijo y los otros dos que pueden girar alrededor del centro–, que, de alguna manera, permite implementar su método, es decir, llegar a la verdad y evitar errores humanos. Por este método, por las técnicas de representación del conocimiento y de razonamiento que contiene, por usar notación simbólica y diagramas combinatorios, Ramon Llull ha empezado a ser reivindicado como un auténtico precursor de la informática, ya que presenta algunas técnicas que hoy pueden ser fácilmente reconocidas entre las que se usan habitualmente en la representación del conocimiento en programas de ordenadores.[6]

Afirma un refrán popular que "no hay nadie más beato que un pecador arrepentido"; en realidad, la versión original usa palabras más gruesas, pero a todos los efectos, con esta versión suavizada y más correcta, ya basta. Ramon Llull, popularmente conocido en Mallorca como el Beato, es un ejemplo paradigmático de este dicho. Su padre formó parte de la expedición

6 Fidora, A. y Sierra, C., (ed.) (2011). *Ramon Llull: From the Ars Magna to Artificial Intelligence*. Barcelona: IIIA; CSIC.

del rey Jaume I que conquistó Mallorca a los árabes en 1229, tres años antes del nacimiento de Ramon, que tuvo lugar en Ciutat de Mallorca. Era, por consiguiente, hijo de una familia burguesa acomodada y ocupó un cargo de relevancia en la que tenía que ser la corte del rey Jaume II. Dedicó los primeros treinta años de su existencia a una vida licenciosa, en la que invertía gran parte de su tiempo a escribir poemas trovadorescos a sus conquistas amorosas. Se casó con Blanca de Picany, con quién tuvo dos hijos.

Ramon Llull creció en un lugar fronterizo desde el punto de vista cultural, repleto de fricciones interculturales entre cristianos –los dominadores por la fuerza de las armas–, los árabes y los judíos, habitantes de la isla. Un contexto multicultural que propiciaba encuentros (y desencuentros) intelectuales. En 1263 Ramon Llull tuvo una visión religiosa que lo llevó a cambiar radicalmente de vida. Cuenta una leyenda que una dama a la que perseguía, cansada de la situación, optó para enseñarle un pecho podrido por culpa de un cáncer muy agresivo. Parece que esta acción de la dama habría sido muy efectiva, ya que, desde aquel mismo instante, Ramon Llull renegó de su forma de vida, abandonó a su familia, destruyó todos los poemas que había escrito y decidió dedicarse al apostolado con el objetivo de convertir al cristianismo cualquier infiel, es decir, musulmanes, judíos y gentiles. La versión de este cambio, que el mismo Llull explica en sus memorias, difiere en el detalle del pecho. Según estas memorias, mientras estaba escribiendo un poema de amor a una dama, se le apareció Cristo crucificado para decirle que tenía que dedicarse a la conversión de los infieles. Una visión que se le repitió otras veces y que lo lleva a dedicar su vida a cumplir tres misiones:

a) Convertir a los infieles (musulmanes, judíos y gentiles).
b) Escribir el mejor libro del mundo contra los errores de los infieles.
c) Convencer al Papa, a los reyes y a los caballeros que tenían que fundar monasterios donde los misioneros pudieran aprender las lenguas de los infieles a convertir.

Para prepararse para estas misiones, inicia un peregrinaje que lo conduce a varios lugares como el Languedoc o Galicia. Este peregrinaje tenía que acabar en París, pero en Barcelona, Ramon de Penyafort y familiares y amigos lo convencen para que vuelva a Mallorca, donde empieza una etapa de formación –que dura nueve años– en el Monasterio de la Real y el Convento de Santo Domingo. Allí estudia latín, filosofía, teología y derecho. Posiblemente también se desplazó a Montpellier para estudiar ciencias. Compra un esclavo que le enseña árabe y los rudimentos de la lógica de Al-Gazzali. Conviene observar que no debía de ser un esclavo cualquiera si tenía los conocimientos suficientes para instruir a Ramon Llull en lógica; probablemente debía ser un señor árabe, hecho prisionero por los conquistadores catalanes, o que se había refugiado en alguna de las aldeas campesinas de Randa, cuya propiedad había sido otorgada a la familia Llull. A raíz de un incidente –una bronca por una blasfemia– con el esclavo, este acaba suicidándose y Ramon Llull decide, en 1273, marchar al Puig de Randa donde inicia una vida dedicada a la reflexión y a la contemplación. Allí recibe "la Iluminación", que le indica cómo ha de ser este "mejor libro del mundo contra los errores de los infieles" y vuelve a La Real donde escribe *L'art abreujat de trobar veritat* [El arte abreviado de encontrar verdad], que sería una de las primeras versiones del *Ars Magna*.

Su actividad como escritor es febril y produce libros y ensayos, en catalán, latín y árabe, esencialmente como apoyo –materiales de aprendizaje, que diríamos hoy– a su tarea de apostolado. De este modo se convierte en el primer escritor universal en catalán y, por consiguiente, en uno de los creadores del catalán literario. A pesar de que para Llull la literatura en catalán era simplemente un medio para llegar al público que no conocía el latín, sus obras abrieron el catalán a todas las posibilidades del pensamiento científico, así como a la especulación filosófica y teológica.

Entre 1274 y 1275, el que tenía que ser el rey Jaume II lo llama a Montpellier para interesarse por su tarea, posiblemente preocupado por la ortodoxia de las obras de carácter religioso de alguien que había llevado una vida tan disoluta, que él conocía muy bien. Hace revisar los textos de Llull y, al superar el examen, decide otorgarle una renta anual que le permita crear lo que sería el Colegio de Miramar, una escuela de traductores aprobada por el Papa en 1276. De este modo, lograba el inicio de la tercera misión que se había propuesto; el Arte abreviado era la segunda. En cuanto a la primera, parece que Llull fue tres veces al norte de África (Túnez en 1292 y 1314, y Argelia en 1309) para experimentar *in situ* su metodología para convertir infieles, experimentos de los que alguna vez salió muy escarmentado, especialmente del último, que acabó con una lapidación, ocurrida meses antes de su muerte, en 1315.

Viaja a Roma en 1287 para insistir en la idea de la fundación de monasterios para enseñar lenguas al Papa. Visita La Sorbona en dos ocasiones, la primera en 1288, para presentar su método, con una acogida más bien fría, lo que llevó a refinarlo y explicarlo mejor. Vuelve a La Sorbona, donde enseñó entre 1309 y 1311, para explicarlo de nuevo, esta vez con más éxito.

Grabado del Breviculum, biografía ilustrada de Ramon Llull hecha por uno de sus discípulos, y que lo muestra en Randa y enseñando en París

Fuente: CRAI-UB, http://www.bib.ub.edu

La extensa obra de Ramon Llull es la base del lulismo, una corriente intelectual iniciada por sus discípulos y que busca el conocimiento y la difusión de su pensamiento, a la vez que reivindica su valor y su vigencia. Lo cierto es que la figura de Llull también fue menospreciada y que la Inquisición prohibió y perseguir su obra. En 1366, el inquisidor Nicolau de Eimeric, a pesar de la oposición explícita de Pere IV el Ceremonioso, empieza a atacar las obras de Ramon Llull y a perseguir a sus seguidores. Eimeric, fraile dominico y, por consiguiente, enfrentado a los franciscanos, la orden del Beato, falsificó los manuscritos de Llull, le atribuyó la autoría de libros sobre astrología y magia y articuló cien tesis que demostraban su herejía. No fue hasta 2011 cuando, finalmente, el Vaticano sentenció oficialmente que no había ninguna herejía en la obra de Llull y que era Eimeric quién había construido su caso basándose en falsedades.[7] En cualquier caso, de las controversias sobre Ramon Llull puede dar buena idea el hecho de que pasó de estar prohibido por la Inquisición a ser beatificado por la Iglesia, con un proceso de canonización que no acaba de cerrarse y que hace siglos que dura a causa, en gran parte, de las maquinaciones de Eimeric. O el hecho de pasar de ser admirado por unos, como Leibniz y Alberti, maestro de Leonardo, a menospreciado o ignorado por otros.

En 1311, su tarea apostólica y su obra escrita son aprobadas en el concilio ecuménico celebrado en la Viena del Delfinado (Francia). Pero no consigue que se emprenda otra cruzada, esta vez amistosa, para convertir infieles. Así, se desengaña de las autoridades cristianas y se siente muy solo, lo que no debería sorprender dada la magnitud de los objetivos que se había propuesto, especialmente respecto al *Ars Magna*: construir unas bases nuevas para todo el saber humano y difundirlas por doquier.

2. Disputar por autoridad no da reposo (de los *Proverbios de Ramon*, 1296)

Entre los días 20 y 24 de julio de 1263, tuvo lugar en Barcelona, en presencia del rey Jaume I, una disputa religiosa

7 http://www.diariodemallorca.es/sociedad-cultura/2011/02/01/iglesia-limpia-imagen-ramon-llull-reconoce-injurias-inquisidor-eimeric/641493.html

organizada por Ramon de Penyafort, que posteriormente se convertiría en uno de los mentores de Ramon Llull. En el sistema escolástico de la Edad Media, las *Disputationes* eran un método formalizado de debate, diseñado para descubrir y establecer verdades de la teología y de las ciencias. Había unas reglas fijas que regían el proceso, entre las cuales no tenía un papel menor la dependencia de los escritos tradicionales de las autoridades reconocidas y el conocimiento profundo de los argumentos de cada lado. De hecho, las disputas eran uno de los pilares fundamentales del sistema escolástico de educación: primero iba la lección del maestro, después la disputa, habitualmente articulada a partir de una hipótesis, con un ponente a favor y otro en contra. El maestro acababa la disputa con su sentencia y, posteriormente, los argumentos y la conclusión eran recogidos en un escrito.

En estas condiciones, ciertamente draconianas según el tema que se debatía, a menudo las disputas finalizaban con razonamientos circulares o incontestables según su naturaleza, ya que negarlos podía suponer una blasfemia, un pecado duramente castigado en aquel tiempo. Esta situación la retrata muy bien el también mallorquín Fra Anselm Turmeda (1355-1423) en su obra satírica *La disputa de l'ase*, publicada por primera vez en 1417. A pesar de que tiene una trayectoria diametralmente opuesta a la de Ramon Llull, no deja de ser muy curiosa la historia de este fraile franciscano, quién desengañado de la sociedad occidental optó para convertirse al Islam. Se trasladó a vivir a Túnez y desde allí se dedicó a escribir, en catalán y en árabe, obras críticas con el cristianismo. Es considerado un clásico en las dos lenguas y, de hecho, de *La disputa de l'ase* solo nos ha llegado una traducción francesa de una versión árabe, seguramente porque la Inquisición consiguió destruir todos los ejemplares en catalán, al considerarlo un libro hereje. La trama de *La disputa de l'ase* parte de una escena similar a la inicial del *Llibre de les bèsties* de Ramon Llull, que, a su vez, es una sátira de los políticos (y eclesiásticos) que usaban el poder en beneficio propio y que, sea dicho de paso, todavía no ha perdido vigencia.

En *La disputa de l'ase,* los animales se han reunido para elegir un nuevo rey, tras la muerte del león. En primera instancia delegan la decisión en el caballo, que elige a otro león. El ajetreo de las celebraciones de la entronización del nuevo rey despierta a Fray Anselm que duerme por allí cerca. El león lo identifica como el fraile que defiende la peregrina idea de que los humanos son superiores a los animales y, para refutar una idea tan absurda, acuerdan montar una disputa. Resulta muy significativo que, de entrada, los animales elijan para representarlos a un asno roñoso, quien, solo o con la ayuda otros animales como los ratones o las moscas, refuta, de manera contundente, los dieciocho argumentos que el fraile va presentando, hasta que llegan al último: los humanos son superiores porque Dios eligió a un hombre para su encarnación. Está claro que, sin negar las Sagradas Escrituras, contra este argumento poco puede esgrimirse y el asno se da por vencido. Pese a las trayectorias religiosas opuestas y la distinta magnitud de las obras respectivas, existen bastantes coincidencias en las motivaciones de algunos escritos de Llull y Turmeda. Hay que destacar la importante tarea de divulgación que han hecho de la obra de Turmeda algunos cantantes populares catalanes, que han musicado varios poemas suyos, entre los cuales destacan las Cobles per la Divisió del Regne de Mallorques. También es destacable la tarea de reivindicación y difusión de la figura y la obra de Anselm Turmeda por parte del grupo de Teatro de Magisterio de la Universitat de les Illes Balears.

La Disputa de Barcelona tenía, pues, por objetivo demostrar que la religión cristiana era la verdadera frente a la judía. El ponente a favor era fray Pau Cristià, judío converso y dominicano. Como oponente, defendiendo la religión judía, estaba Bonastruc ça Porta, un destacado intelectual judío gerundense, rabino, filósofo, médico, cabalista y comentarista bíblico. Bonastruc acabó pagando con el exilio sus intervenciones en esta disputa y en otra posterior, a pesar de que había pedido y obtenido del rey inmunidad para poder defender su posición, dado que algunos de los escritos que quería usar en su argumentación eran considerados heréticos. La Disputa de Barcelona, en última instancia, no decidió nada. Ambos bandos se adjudicaron la victoria y sus reivindicaciones documentales han dado lugar a un desacuerdo considerable entre los historiadores sobre el tono y el resultado de este importante acontecimiento. Sea por esta razón o por otra, en lo que parece que hay un acuerdo generalizado es en que la Disputa de Barcelona tuvo un gran eco e influyó en Ramon Llull de manera muy significativa, justo en el momento en que él mismo sitúa su conversión a una vida plenamente dedicada a la difusión de la fe.

El Beato se dio cuenta de la inutilidad de las disputas y que, por lo tanto, hacía falta un mecanismo que fuera suficientemente objetivo para que, una vez que todo el mundo estuviera de acuerdo con los presupuestos iniciales, los disputantes se vieran obligados a aceptar las conclusiones derivadas de estas hipótesis de acuerdo con el procedimiento establecido. Para poder llegar a la concreción de este procedimiento objetivo había que poder representar de forma sistemática el conocimiento involucrado en la disputa. Esta es una de las grandes aportaciones del *Ars Magna*, que incluye un simple dispositivo, la figura 4, formado por tres discos concéntricos, que constituye un verdadero precursor de la informática y de la inteligencia artificial, dado que es un precedente singular de varias estrategias para representar el conocimiento humano así como de los dispositivos mecánicos para realizar cálculos lógicos que fueron introducidos siglos después.

3. El mejor libro del mundo contra los errores

El *Ars Magna* tenía que ser, pues, "el mejor libro del mundo contra los errores de los infieles". Llull hizo diferentes versiones, buscando a partir del primero, *L'Art abreujat de trobar veritat* (1274), simplificaciones que lo hicieran más comprensible, lo que parece que logra en la última versión, titulada precisamente *Ars Magna generalis et ultima* y que data de 1308. Este *Ars* es un conjunto de técnicas complejas, ideadas por Llull, dirigidas a interpretar la realidad, encontrar la verdad y demostrarla; y de este modo demostrar que la fe cristiana es la única verdadera. Incluye técnicas de notación simbólica y de diagramas combinatorios. De hecho, el *Ars* de Llull, en particular la figura 4, permitía, por simples manipulaciones mecánicas, generar de forma combinatoria una cadena deductiva de verdades que tenía que ser, posteriormente, explorada y validada.

En su búsqueda de la representación simbólica de los principios básicos, descubre que puede llegar a una representación universal que no sirva solo para convertir infieles, sino para todas las áreas del saber del siglo XIII (teología, ciencias naturales y humanas). No en balde se lamenta en el *Ars* que "las mentes humanas son más dadas a las opiniones que a las ciencias" y sigue argumentando que aunque cada ciencia pueda tener principios diferentes de las otras, hay que buscar "una ciencia general con sus principios generales" que contengan los de todas y así, apoyándose, el intelecto humano podría "desterrar todas las opiniones erróneas". Hoy es sabido que intentar lograr este objetivo de la ciencia general es una ingenuidad, pero significó una tarea filosófica extraordinaria, a la que Llull consagró toda su vida y obra –incluida la literaria– de manera que sus novelas y poesías buscaban aproximar los posibles lectores al *Ars*.

Interpretación del *Ars Magna* elaborada por Leibniz

Fuente: Wikimedia

Ahora bien, lo que no tenía nada de ingenuo era intentar formalizar el razonamiento lógico. Esta es una visión generalmente aceptada hoy y fue Gottfried Leibniz (1646-1716) quien, cuatrocientos años más tarde –hacia 1658–, interpretó este sueño de Llull diciendo que, en el futuro, los lógicos podrían resolver sus disputas tomando plumas y calculadoras y diciendo "Calculemus!". Leibniz, en *Characteristica Universalis,* fue capaz de explicar la idea básica de Llull en términos más simples y atrayentes, refinando las técnicas combinatorias del Beato. La *Characteristica* de Leibniz, también representada por medio de discos, quería ser un lenguaje universal que tenía que servir como medio para la deducción y el descubrimiento en ciencia y filosofía. Según su autor, era perfecto para representar conjuntamente las ideas y para la mecanización del razonamiento filosófico, unos objetivos que también buscaba Ramon Llull con el *Ars Magna.* Además, tampoco se conformó en diseñar procedimientos abstractos, sino que invirtió esfuerzos a construir dispositivos mecánicos para el cálculo, de manera que se convirtió en el constructor de una de las primeras calculadoras mecánicas.

Los elementos que componen el sistema formal para encontrar la verdad del *Ars Magna* son los habituales, es decir, un alfabeto, unas definiciones, unas reglas y unas figuras. Tal vez las figuras sean una singularidad del sistema de Llull, dado que es una forma gráfica de representar las relaciones entre los distintos elementos: el Beato debía tener muy claro que su sociedad era todavía mucho más visual que textual. Las últimas versiones del alfabeto lo integran nuevo símbolos, las letras de la B a la K, que representan seis categorías de conceptos, de acuerdo con la tabla siguiente:

Alfabeto

	Principios absolutos	*Principios relativos*	*Reglas a preguntar*	*Sujetos*	*Virtudes humanas*	*Vicios humanos*
B	bondad	diferencia	¿sí?	Dios	la justícia	la avaricia
C	grandeza	concordancia	¿qué?	ángeles	la prudencia	la gula
D	duración	contrariedad	¿de qué?	el cielo	la fortaleza	la lujuria
E	poder	principio	¿por qué?	hombre	la templanza	la presunción
F	sabiduría	medio	¿cuánto?	la imaginación	la fe	la pereza
G	voluntad	final	¿qué calidad?	sentidos	la esperanza	la envidia
H	virtud	mayoría	¿cuándo?	la vegetación	la caridad	la ira
I	verdad	igualdad	¿dónde?	elementos	la paciencia	la mentira
K	gloria	minoría	¿cómo y con qué?	instrumentos	la compasión	la inconstancia

Para cada categoría hay nueve conceptos, de manera que cada letra representa un concepto dentro de cada categoría, es decir, cada letra admite seis interpretaciones, lo que no deja de ser otra singularidad que, a menudo, complica el modelo. El *Ars Magna* introduce estudios sistemáticos de combinaciones binarias y ternarias de varios conceptos de una o más categorías. Se trata de una característica esencial del modelo de Llull, dado que trabajó más con comparaciones que con deducciones silogísticas. A continuación presenta una serie de figuras que relacionan estos conceptos, así, la primera, etiquetada con la letra A, muestra las calidades propias y apropiadas de los sujetos.

Primera figura del *Ars Magna*

Fuente: Wikimedia Commons

La segunda, etiquetada con la letra T, es presentada como el instrumento de la inteligencia para trabajar con la primera figura, ya que ayuda a distinguir y comparar los principios.

Segunda figura del *Ars Magna*

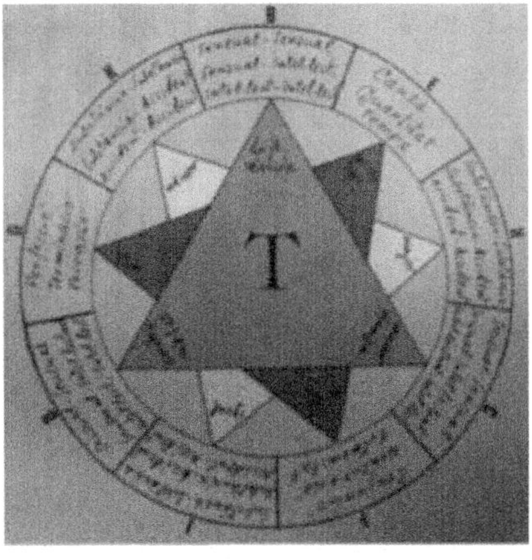

Fuente: Wikimedia Commons

La tercera está destinada a significar cómo cada principio se aplica a los otros; es una matriz que se puede obtener por superposición de la primera y de la segunda, y contiene las parejas de letras del alfabeto del *Ars*, ignorando la diagonal de la matriz y los elementos que quedarían por debajo de la misma.

4. La figura 4 del *Ars Magna*

La figura 4 del *Ars Magna* presenta un dispositivo mecánico para hacer cálculos lógicos; es el precedente singular de otros dispositivos mecánicos que fueron introducidos siglos después. Su objetivo es permitir "visualizar como muchas razones y conclusiones se pueden encontrar aplicando cada una de estas razones a una conclusión", lo que ayuda a evitar incompatibilidades o contradicciones de acuerdo con los significados.

Cuarta figura del *Ars Magna*

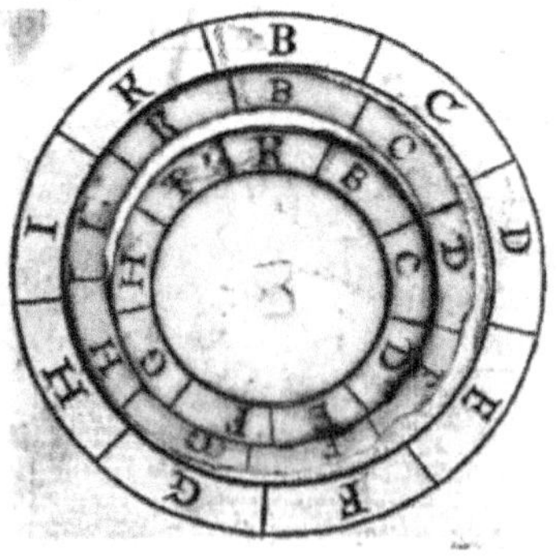

Fuente: Ars Magna Generalis et Ultima. Google Books

Aunque hay indicios de que la segunda figura posiblemente también contenía elementos móviles que permitían analizar de forma mecánica las diversas combinaciones, la figura 4 es la que, en muchas ediciones del *Ars*, tenía el círculo exterior impreso y los otros dos, enganchados con un hilo por el centro, de modo que hacía posible que el lector manipulara de forma efectiva el mecanismo que presentaba esta figura. De hecho, en una de las ediciones del *Ars* que hay en Google Books, en la página escaneada correspondiente, se puede observar que solo queda el disco exterior impreso y que faltan los otros dos.

Según explica Llull, en esta "máquina", "el segundo círculo muestra cómo encontrar una premisa menor de la conclusión. Así, por ejemplo, si C está en medio de B y D, esto significa que ambas participan de la grandeza. Análogamente, la contrariedad en D entre B y E no permite la bondad ni el poder de asociación. Por lo tanto, una premisa menor contraria o disociativa conduce a una conclusión negativa". Es decir, este dispositivo estaba pensado para determinar las posibles premisas menores que enlazan los otros dos términos. Por ejemplo si fijamos B en el disco interior y D en el disco exterior, girando el disco central a todas las posiciones posibles, podemos examinar cuáles sirven como término medio. En terminología más actual, si tenemos que demostrar que "Todos los B son D", el dispositivo nos permite analizar si hay un término medio –C por ejemplo–, que lleve de B a D a través de "Todos los B son C" y "Todos los C son D". En definitiva, moviendo convenientemente los discos centrales, se puede llegar a considerar todas las combinaciones posibles y hacer así comparaciones y análisis sistemáticos.

Es probable que, para esta figura, Llull se inspirara en la *Zairja*, un dispositivo circular que usaban los astrólogos medievales árabes para generar ideas. El disco estaba dividido de acuerdo con las constelaciones del Zodíaco y los astrólogos lo empleaban para encontrar respuestas en las preguntas sobre el futuro a través de las expresiones utilizadas en la formulación de la pregunta. Esta conexión probablemente también ayudó a Nicolau de Eimeric a fundamentar los ataques y las acusaciones contra Ramon Llull y su obra.

Zairja

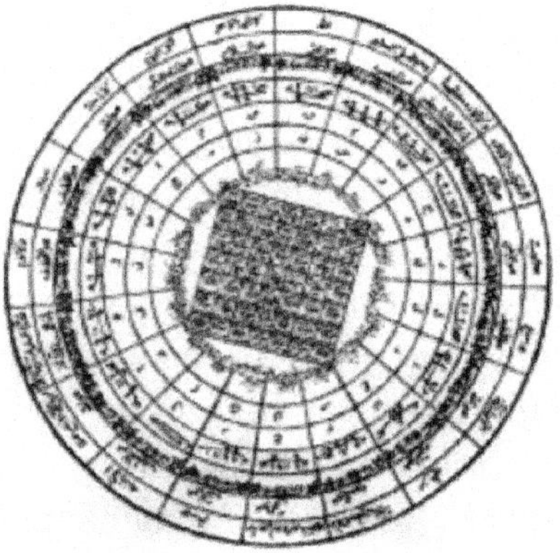

Fuente: http://www.flickr.com/photos/33564252@N07/

5. Una máquina para evitar errores humanos

Fue en el Puig de Randa donde Ramon Llull recibió el encargo, a través de una iluminación divina, de escribir "el mejor libro del mundo contra los errores de los infieles", una tarea a la que dedicó prácticamente el resto de su vida y que se materializó en un método universal para encontrar la verdad. Un método que requería de una representación simbólica, que Llull desarrolló y que, además, lo llevó a construir un dispositivo mecánico que ayudaba de forma efectiva a la búsqueda de la verdad. El dispositivo, la figura 4, es simple, puesto que solo son tres discos concéntricos, con el mayor –exterior– fijo y los otros dos que pueden girar alrededor de su centro. Pero este dispositivo simple representa el inicio de un sueño, que la humanidad todavía no ha abandonado hoy, como es conseguir máquinas que emulen las capacidades de razonamiento del cerebro humano.

Los trabajos de Llull inspiraron abiertamente a los de Leibniz quién, con su *Characteristica Universalis,* consiguió avanzar en las ideas fundamentales de Llull sobre la mecanización de los procesos de razonamiento con el objetivo de evitar errores. Leibniz, quien soñaba reducir estos procesos a cálculos, diseñó y construyó una de las primeras máquinas calculadoras. Por otro lado, inspiró a Charles Babbage en su obsesión por construir máquinas de calcular que sirvieran para evitar errores de cálculo, una obsesión que lo condujo a anticipar por más de un siglo lo que acabarían siendo los ordenadores, máquinas que, a su vez, han sido y son todavía el instrumento esencial empleado precisamente en lo que se denomina inteligencia artificial, es decir, máquinas capaces de emular las capacidades de razonamiento del cerebro humano. Esto convierte a Ramon Llull en uno de sus precursores.

El Beato quería combatir los errores humanos que había podido observar en procesos de argumentación, especialmente en disputas escolásticas sobre cuál era la religión verdadera. Este objetivo –evitar errores humanos– lo lleva a la construcción de un sistema formal para representar el razonamiento y de un dispositivo mecánico que permite la exploración. Así, abre la tendencia, todavía vigente, de emplear máquinas para evitar errores humanos. La de Llull y el *Ars Magna* es una de las historias sobre esta obsesión. Siguen otras.

Charles Babbage y los errores aritméticos

"Dos veces me han preguntado: 'Si introduce datos incorrectos en la máquina, ¿saldrán las respuestas correctas?'. Soy absolutamente incapaz de hacerme una idea del tipo de confusión de pensamiento que puede provocar que alguien haga una pregunta como esta."

Charles Babbage

1. La siesta de Babbage

"Una tarde estaba sentado en una de las salas de la Analytical Society, en Cambridge, con la cabeza inclinada hacia delante, adormilado sobre una tabla de logaritmos abierta frente a mí. Otro miembro de la Society, que entraba en la sala, al verme medio dormido, me acometió: 'Bien, Babbage, ¿qué estás soñando?' y yo le respondí: 'Pienso que todos estos logaritmos podrían ser calculados con una máquina'".

De este modo describe Charles Babbage (1791-1871) en sus memorias[8] los orígenes de su sueño –nunca mejor dicho–

8. Campbell-Kelly, M. (ed.) (1994). *Charles Babbage: Passages from the Life of a Philosopher.* Nueva Jersey: Rutgers University Press e IEEE Press.

de hacer una máquina para calcular tablas de logaritmos y trigonométricas que no cometiera los errores de cálculo y de trascripción habituales en aquella época. Las tablas eran esenciales en muchos ámbitos de los que dependía el progreso, como la ingeniería, la construcción, las finanzas y los seguros, sin olvidar la astronomía. Además, también se empleaban como ayuda a la navegación, por lo que los errores que contenían podían llegar a significar graves pérdidas, tanto de vidas humanas como de mercancías, puesto que podían señalar la posición equivocada de los navegantes que las usaban en sus singladuras.

Lo cierto es que Charles Babbage no consiguió ver en funcionamiento ninguna de sus máquinas, las de *Diferencias* – llegó a diseñar dos, la *1* y la *2*– y la *Analítica,* lo que no ha sido un obstáculo para que la mayoría de las historias de la informática le dediquen un espacio preferente y lo señalen como el responsable de la concepción del primer ordenador –tal como los entendemos actualmente– que haya existido nunca. Cabe decir que la segunda de las máquinas, la *Analítica,* tiene la estructura habitual de los ordenadores modernos: dispositivos de entrada y salida de datos, de almacenamiento, y un "molino" –que ahora denominamos unidad de procesamiento– dedicado a efectuar los cálculos. Eso sí, las máquinas de Babbage eran dispositivos basados en engranajes que tenían que ser activados por un humano o con la ayuda de vapor.

Babbage sitúa su siesta inspiradora hacia 1812 o 1813 y en un escenario que le debía ser bastante familiar, ya que, junto con dos colegas, había sido uno de los fundadores de la Analytical Society con el objetivo de hacer avanzar las matemáticas en Cambridge. Aun así, hay serias sospechas de que este pasaje no deja de ser una licencia poética, dado que los primeros indicios reales de su proyecto de máquina de diferencias no llegan hasta 1819. Aun así, lo que sí es cierto es que, desde entonces, dedicó su vida a la persecución de este objetivo: una máquina de calcular que evitara los errores humanos.

Charles Babbage había nacido en Londres los últimos días de 1791, hijo de una familia acomodada. Su padre había sido corresponsal de banca en Totnes, en el condado de Devon, una ciudad próspera gracias a la industria textil, pero que entró en crisis con la llegada de las máquinas de vapor. Esa circunstancia indujo al padre de Babbage a mudarse, con toda su familia, a Londres. Según explica el propio Charles en sus memorias,[9] durante la infancia tuvo problemas de salud, lo que relegó a un segundo plano su educación:

> "Después de haber estado mal de salud a la edad de cinco años, y nuevamente a los diez por fiebres virulentas, de las que sobreviví apenas, me enviaron a Devonshire y me pusieron bajo la custodia de un sacerdote (quién dirigía una escuela en Alphington, cerca de Exeter), con instrucciones de atender mi salud, pero de no presionar demasiado sobre mis conocimientos: una misión que cumplió fielmente."

Así, tras pasar por varias escuelas y tutores, y sin una planificación muy esmerada de su educación, lo que posiblemente la dejó por debajo de las posibilidades de una familia como la suya, Charles Babbage entró finalmente en

9 Campbell-Kelly, M. (Ed.) (1994). *Charles Babbage: Passages from the Life of a Philosopher*. Nova Jersey: Rutgers University Press i IEEE Press.

el Trinity College de Cambridge en 1810. Por el camino, y de forma autodidacta, había aprendido matemáticas a través de la lectura de los autores más importantes del momento, como Newton y Leibniz. En aquel momento, en Cambridge, las matemáticas todavía no se percibían como un tema de investigación y de estudio *per se*. Más bien eran consideradas un entrenamiento para el cerebro de futuros curas, abogados y educadores. A la postre, el currículum de matemáticas, a pesar de ser importante, estaba esencialmente dedicado a resolver problemas –algunos de los cuales podían ser muy sofisticados– lo que llegó a disgustarle profundamente, hasta el punto que abandonó los programas oficiales de matemáticas y montó su propia agenda matemática. En este momento, funda con dos compañeros más la Analytical Society, con el principal objetivo de liberar el cálculo "de la notación arcaica de Newton para pasar a la más productiva de Leibniz". Este Leibniz es el mismo personaje que también perseguía el sueño de automatizar los procesos de razonamiento, que Ramon Llull había tenido cuatrocientos años antes.

Hacía poco más de un siglo que Sir Isaac Newton (1643-1727) y Gottfried Leibniz (1646-1716) habían descubierto, de forma independiente, el cálculo infinitesimal, el cual, dicho de una manera simple, proporcionaba un lenguaje matemático eficaz para describir los cuerpos en movimiento. Galileo (1564-1642) había dejado dicho que las matemáticas tenían que proporcionar la clave para poder descifrar los secretos del Universo, y el cálculo infinitesimal era precisamente el instrumento oportuno para esta tarea. De hecho, uno de los objetivos primigenios de este cálculo es encontrar la tasa de variación en el tiempo de la posición de un objeto en movimiento: gradualmente, los movimientos aparentemente complicados de los cuerpos celestes empezaron a aparecer como consecuencia de principios matemáticos simples, lo que dio a los humanos nuevas garantías sobre su capacidad de entender –y controlar– el mundo que los rodeaba.

Newton afirmaba haber llegado a los principios del cálculo entre 1665 y 1666, y fue refinando sus hallazgos durante la década posterior, pero no publicó nada hasta 1693, ya que, por un lado, no acababa de estar seguro de cómo sería recibido –su notación era efectivamente enrevesada y difícil de entender– y, por el otro, consideraba que el cálculo era un puro instrumento al servicio de sus otras investigaciones sobre gravitación y movimiento. Por su parte, y de forma independiente, Leibniz había descubierto también los principios del cálculo infinitesimal y había empezado a publicar sus hallazgos desde 1684, usando una notación mucho más comprensible. Esta notación se fue imponiendo en la Europa continental, especialmente gracias a la ayuda de los Bernouilli, una ilustre familia de matemáticos, tan ilustre que en cuatro generaciones dio ocho matemáticos que hicieron importantes contribuciones al desarrollo de este ámbito del saber humano.

Cuando Newton se dio cuenta de que la notación de Leibniz se iba imponiendo, hizo que la Royal Society –de la que era miembro– emitiera, en 1711, un informe en el que se acusaba a Leibniz de plagio. Posteriormente se descubrió que este informe, que ya desde un principio no parecía provenir de una fuente muy imparcial, había sido redactado, en su mayor parte, por el mismo Newton. Hoy en día está aceptada la idea de la coautoría del cálculo infinitesimal por parte de Newton y Leibniz, un hecho que fue siempre rechazado frontalmente por Newton. En este contexto, no deja de ser remarcable la posición, pública y militante, de Babbage a favor de la notación de un alemán y en contra de la de un inglés tan ilustre y respetado como Newton, especialmente si se tiene en cuenta el tradicional egocentrismo de los británicos, para quienes es el continente el que queda a menudo aislado debido a la niebla del Canal.

Charles Babbage

Font: Wikimedia Commons

Babbage estaba convencido de que, sin una notación oportuna, las matemáticas no podrían avanzar en Cambridge. El objetivo de la Analytical Society de fomentar la notación de Leibniz –como en el resto de Europa continental– se logró, por lo menos parcialmente, con la traducción que el mismo Babbage realizó en 1816 del libro *Differential and Integral Calculus* del matemático francés Lacroix, seguido, en 1820, de otro libro de ejercicios. También le ayudó en este objetivo su progresión académica en Cambridge, de modo que, desde posiciones cada vez más influyentes, fue logrando que la notación de Leibniz se fuera imponiendo. No deja de ser remarcable observar que Babbage, entre los años 1828 y 1839, ocupó la cátedra Lucasiana, una de las cátedras de matemáticas más importantes del mundo, que había ostentado Newton entre 1669 y 1702.

Al poco de dejar Cambridge, en 1814, Babbage se casó con Georgiana Whitmore, con quién tuvo ocho hijos, tres de los cuales llegaron a una edad adulta. Durante unos años se dedicó a la investigación matemática y a impartir conferencias sobre astronomía, actividades que le dieron un cierto prestigio. No puede olvidarse que, disputas aparte, aquel era un momento apasionante para el cálculo y para la astronomía, refundada por los trabajos de Copérnico (1473-1543) que incluían la descripción heliocéntrica del sistema solar, refinada gracias al telescopio y a otras aportaciones de Galileo (1564-1642) y Tycho Brahe (1546-1601), y rematada por su discípulo Johannes Keppler (1571-1630) con las conocidas leyes sobre los movimientos de los planetas. Un panorama al que se había añadido el cálculo infinitesimal de Newton y Leibniz, que proporcionaba un instrumento importantísimo para los astrónomos, a la vez que problemas provenientes de la astronomía propiciaban nuevos desarrollos en el cálculo, una simbiosis que aún hoy en día está vigente.

En 1816, Babbage, fue elegido miembro de la Royal Society. A partir de los primeros años de la década de 1820 dedicó todos sus esfuerzos a la construcción de máquinas de calcular, parece que fuertemente inspirado por una de las primeras visitas que hizo a Francia, en 1819. En esta visita entró en contacto con personalidades académicas como Fourier, Laplace y Arago. Probablemente, durante esta visita tuvo la primera noticia del gran proyecto francés de hacer tablas matemáticas –logarítmicas y trigonométricas– encabezado por Gaspard De Prony. En 1614, John Napier había hecho públicos sus trabajos sobre logaritmos, los cuales, además de amargar la vida a muchas generaciones de estudiantes de bachillerato hasta muy entrada la segunda mitad del siglo XX, sirven para reducir a sumas y restas las otras operaciones aritméticas. Su utilidad quedó patente bien pronto y rápidamente fueron adoptados por la astronomía y todos aquellos ámbitos donde los cálculos eran una parte esencial. Al fin y al cabo, sumar es lo único que podemos hacer los humanos sin otros recursos que un papel y un lápiz y, de ahí la necesidad –ya constatada por los griegos– de reducir todos los cálculos a sumas.

El mismo Babbage había publicado, en 1827, unas tablas de logaritmos consideradas definitivas durante más de medio siglo. La confección de tablas de logaritmos llegó a tener un carácter marcadamente estratégico para los países que quisieran ocupar lugares líderes en el concierto científico, tecnológico y económico, sin olvidar las aspiraciones colonialistas en ultramar, puesto que eran el instrumento esencial para poder orientarse en el mar. Dicho de otra forma, estas tablas tendrían un papel similar al actual sistema de posicionamiento global por satélite, el GPS, y no puede olvidarse que, por ejemplo, ahora mismo la Unión Europea ha empezado a montar su propio sistema de satélites de posicionamiento, debido a la actual dependencia patológica respecto al sistema norteamericano. En caso de conflicto de intereses, Estados Unidos podría cerrar –encriptar– su sistema para el resto del mundo, con las consiguientes consecuencias catastróficas.

El proyecto francés de las tablas estaba configurado siguiendo la metodología que hacía poco había popularizado Adam Smith de la división racional del trabajo, de modo que un pequeño grupo de especialistas altamente calificados supervisaba el trabajo de entre sesenta y ochenta calculadores humanos, que usaban el método de las diferencias para calcular las tablas. Este método solo requería que los calculadores supieran sumar bien y, por lo tanto, su formación podía ser mínima. De hecho, la mayoría de calculadores del proyecto de De Prony eran peluqueros reconvertidos, puesto que la Revolución Francesa los había dejado sin trabajo al haber erradicado uno de los símbolos por excelencia de la nobleza y la aristocracia como eran las pelucas.

Esta es la semilla de proyecto de Babbage para la máquina de diferencias, que tenía que mecanizar lo que De Prony había conseguido con humanos, eliminando, así, los errores de cálculo y los de trascripción. De este modo, se añadía explícitamente a lo que, de una forma clara, pero más bien políticamente incorrecta, había afirmado Leibniz un siglo antes:

> "[...] es impropio de la dignidad de hombres excelentes perder su tiempo en el cálculo, cuando cualquier campesino podría hacer el trabajo igualmente preciso con la ayuda de una máquina."

Leibniz empleaba este argumento para justificar su tarea en la construcción de una máquina para realizar operaciones aritméticas. Una máquina que, por otro lado, sería mas que necesaria si se llegaba a materializar su sueño de convertir el razonamiento en cálculo. Las máquinas de calcular habían empezado a ser una realidad hacia 1623, cuando Wilhelm

Schickard, ayudante de Kepler, construyó un reloj-calculadora, del que nos han llegado pocas referencias, pero que fue una ayuda muy eficaz en el tratamiento de los datos que Kepler iba obteniendo en sus observaciones astronómicas y se tiene como la primera calculadora mecánica de la historia. Antes del descubrimiento del reloj-calculadora, el lugar de primera máquina de calcular lo ocupaba la Pascalina, del matemático francés Blaise Pascal (1623-1662). La Pascalina solo hacía sumas y restas y no era muy fiable; la de Leibniz era capaz también de hacer otras operaciones, como por ejemplo productos, divisiones y raíces cuadradas, pero tampoco era fiable al cien por cien. En cualquier caso, ahora la necesidad más inmediata era disponer de herramientas de cálculo que apoyaran las necesidades de múltiples ámbitos, entre los cuales destacaban las observaciones astronómicas y, muy en particular, las necesidades de la navegación.

2. El cálculo de la longitud

Los esfuerzos para determinar la longitud de un lugar del planeta constituyen una historia larga y apasionante, dado que el problema no pudo resolverse –para la navegación– hasta mediados del siglo XVIII. La determinación de la longitud era indispensable en varios ámbitos pero para la navegación de altura resultaba vital, puesto que los métodos poco precisos que se habían ido introduciendo a menudo acababan con barcos hundidos con la consiguiente pérdida de vidas y de mercancías. Encontrar la latitud era una tarea relativamente sencilla, a partir de la altura del Sol o de la Luna sobre el horizonte, lo que permitía saber la posición respecto del Ecuador.

En cuanto a la longitud el problema resultó mucho más complejo, especialmente en alta mar, donde no hay ningún tipo de referencia. En primer lugar, y debido a la rotación de la Tierra respecto a su eje, la longitud siempre será una medida relativa respecto a un lugar determinado previamente: el día tiene 24 horas y es el tiempo aproximado que emplea la Tierra para dar una vuelta completa, es decir 360 grados; en consecuencia, cada hora corresponde a 15 grados de longitud y a las fracciones de hora la correspondiente parte proporcional. Parece que los griegos ya eran conscientes de ello y sabían que la determinación de la longitud podía limitarse al cálculo de las diferencias entre las horas locales. Aun así, el problema era que no tenían la forma de medir el tiempo de forma suficientemente cuidadosa: a pesar de que podían llegar a calcular la hora local, no podían saber cuál era la del lugar de referencia. Así, no quedaba otro remedio que acudir al cielo –estrellas, planetas y otros cuerpos celestes– para determinar las horas locales de lugares distantes. Esto significó una nueva aplicación para la astronomía: la solución al problema de la longitud se encontraba en las estrellas. Hasta entonces, la astronomía interesaba esencialmente por razones religiosas –y estrechamente vinculadas a la astrología– y también de tipo práctico, para su aplicación a la agricultura, como instrumento indispensable para medir el curso de las estaciones y así poder sembrar en el momento más oportuno. Todavía hoy, en muchos lugares, se publican almanaques agrícolas que recogen esta tradición.

De hecho, fue Eratóstenes, geógrafo y matemático griego, conocido por haber introducido la criba que lleva su nombre para encontrar los números primos, quién introdujo, tres siglos antes de nuestra era, el sistema de dos coordenadas –latitud y longitud– para localizar cualquier lugar de la Tierra. Le atribuyen un ingenioso –y preciso– método para medir la circunferencia de la Tierra a partir de la declinación de los rayos del Sol en varios lugares. Hiparco de Rodas, después de criticar la escasa exactitud de algunas medidas de Eratóstenes, propuso, un siglo después, un método para determinar la longitud de algunas ciudades usando los eclipses de la Luna. Dado que cada uno de estos eclipses es visible en un hemisferio de la Tierra, la diferencia de longitud de las ubicaciones de varios lugares puede ser medida con las diferencias en la hora local cuando se observa el eclipse. En términos generales, la gran contribución de los astrónomos griegos fue considerar la astronomía como una rama de las matemáticas, e introdujeron y desarrollaran métodos geométricos sofisticados para el estudio de los cuerpos celestes. El *Almagesto* de Ptolomeo, publicado en el siglo segundo de nuestra era, es tal vez uno de los puntos de referencia en el desarrollo de esta rama del conocimiento por parte de los griegos, puesto que contiene el catálogo de los cuerpos celestes más completo de la antigüedad. Un catálogo que fue utilizado ampliamente por los árabes y los europeos hasta la Edad Media. También contiene una descripción del movimiento aparente de las estrellas y los planetas, basado obviamente en el sistema geocéntrico.

Afortunadamente, los trabajos de los astrónomos griegos fueron retomados por los astrónomos árabes, que iniciaron las investigaciones intentando asimilar el conocimiento que habían desarrollado los griegos y otras culturas, como la india.

Así, la mayoría de los tratados griegos sobre astronomía nos han llegado gracias a sus traducciones del árabe y son precisamente algunos de estos tratados los que llaman la atención del rey Alfonso X quién, en 1252, encarga la construcción de las llamadas Tablas Alfonsinas, que podían emplearse para calcular la posición de los planetas en un momento o en un lugar determinado, siguiendo determinadas reglas de cálculo y a partir de los periodos de los movimientos de los planetas. Parece que estas tablas sirvieron de entrenamiento a Copérnico en su época de estudiante. Con objetivos más dirigidos a la astrología, Johannes Regiomontanus publicó, en 1467, unas tablas astronómicas, que daban las posiciones de los planetas día a día, a diferencia de las anteriores que las daban cada cinco o diez días.

Hacia 1524, Johannes Werner publicó el primer tratado en el que aparece el método de observar la posición de la Luna para determinar la longitud. Parece que sus trabajos estaban inspirados en una carta de Amerigo Vespucci, en la que lo informaba de sus cálculos para determinar la longitud usando los eclipses y las conjunciones de la Luna con los planetas así como las tablas de Alfonso X y de Regiomontanus, entre otros. Así pues empezaron a aparecer nuevas tablas astronómicas, entre las que hay que destacar las Tablas Rodolfinas que, propuestas por Brahe y acabadas por Kepler, daban la sucesión de las posiciones de los planetas en días específicos. Progresivamente, la exactitud de las tablas aumentó y, paralelamente, lo hizo la exactitud con la que se podían observar los cuerpos celestes.

Por su parte, los astrónomos chinos habían descubierto que las estrellas no cambian nunca las posiciones relativas entre sí y, en el siglo XIII, el astrónomo Guo Shou Jing fijó la posición de algunas estrellas clave respecto de la Estrella Polar. Todo ello, en un proceso que requirió centenares de astrónomos y varios siglos de trabajo, los chinos consiguieron hacer unas tablas que ubicaban cerca de mil quinientas estrellas en uno de los primeros mapas del cielo. El redescubrimiento, relativamente reciente, de los mapas de los viajes del almirante Zheng He, realizados en el siglo XV, muestra que los chinos tenían una técnica bastante esmerada para medir la longitud en alta mar, basada muy probablemente estas tablas.

A pesar de todos estos adelantos, en Occidente, se llega al siglo XVIII con dos métodos muy poco precisos para determinar la posición de los barcos. Por un lado, estaba la técnica, seguida aparentemente por los descubridores españoles, de navegar hacia la latitud del destino y, una vez conseguida, navegar en dirección este u oeste. Entre otros inconvenientes, este método alargaba los días de viaje necesarios, con los problemas que esto podía comportar para los víveres que se tenían que llevar a bordo. El otro método era el de navegación por estima, es decir, una vez conocida la posición de partida, cada cierto tiempo se calculaba la posición a partir de la distancia supuestamente recorrida y el rumbo seguido. Sobre la conveniencia de este método puede dar una pista muy clara su nombre en inglés: *dead reckoning* formado a partir de las palabras *dead* –final– y *reckoning* –contar– es decir, algo parecido a las cuentas finales, a pesar de que dead también significa 'muerto', lo que, a menudo, se ajustaba bastante al resultado de este método.

En 1714, el Parlamento británico establece el Board of Longitude, una comisión de expertos encargada explícitamente de encontrar la solución al problema de la determinación de la longitud a bordo de los barcos. El Board, formado esencialmente por astrónomos, convoca un premio –dotado de varias cantidades, según la precisión lograda– para el que fuera capaz de presentar un método eficaz para calcular la longitud a bordo de un barco. Al premio, se presentaron todo tipo de candidaturas, algunas de ellas realmente extravagantes, como bien explica Dava Sobel en su best-seller *Longitude*. [10]Al final solo quedaron dos propuestas serias; por un lado, la oficialista, encabezada por Neville Maskelyne, astrónomo que sería miembro del Board, con un método, denominado de las distancias lunares, y que era esencialmente un refinamiento de los métodos propuestos hasta entonces, desde Hiparco, y que requería tablas astronómicas que dieran la posición relativa de la Luna respecto a otros cuerpos celestiales y así poder saber la hora de Greenwich. Por otro lado, apareció, de forma inesperada, un carpintero llamado John Harrison con una propuesta que, de entrada, parecía imposible de alcanzar, como era la construcción de un reloj que fuera capaz de resistir las condiciones a bordo de un barco, lo que requería, entre otras pequeñeces, que los relojes no tuvieran péndulo, un objetivo más que temerario en aquel momento. Lo cierto es que, con muchas dificultades, Harrison consiguió que su proyecto fuera considerado -aunque a disgusto– por el Board, cuyos miembros –con Maskelyne al frente– se decantaban más por la opción de las distancias lunares. A pesar de todas las dificultades, Harrison se salió con la suya, aunque tuvo que acudir al Parlamento para que le abonaran el dinero del

10. Sobel, D. (1997). *Longitud. La verdadera historia de un genio solitario que resolvió el mayor problema científico de su tiempo*. Madrid: Editorial Debate.

premio, debido al acierto de su propuesta y a la fiabilidad de sus relojes, uno del cuales funciona aún en el Observatorio de Greenwich.

Aun así, los relojes –cronómetros marinos– eran caros y difíciles de fabricar, por lo que se acabó imponiendo el método de las distancias lunares. La distancia lunar es el ángulo entre la Luna y otro cuerpo celeste y puede medirse con la ayuda de un sextante. Con un almanaque que dé las horas que corresponden a las distancias lunares en Greenwich puede saberse la hora de este lugar. Este método requería, en primer lugar, un almanaque que contuviera las previsiones sobre las distancias lunares. Ahora bien, dado que estas tablas acostumbraban a dar el ángulo entre centros de los cuerpos, pero a bordo era más fiable medir los ángulos entre bordes, había que introducir las correcciones correspondientes, teniendo en cuenta que los tamaños de los cuerpos celestes, con la Luna en primer lugar, cambian de manera constante. Así el almanaque también tenía que dar el semidiámetro esperado para cada día.

Por otro lado también había los errores de paralaje, provocados por la distancia entre los cuerpos celestes y el observador, así como los causados por la refracción atmosférica. Estas correcciones, por su parte, requerían el uso de fórmulas trigonométricas. Por lo tanto hacía falta, en primer lugar, disponer de tablas astronómicas sin errores y, en segundo lugar, de tablas de logaritmos y trigonométricas que tampoco tuvieran errores para realizar las correcciones necesarias para poder emplear el método de las distancias lunares. La acumulación de estos errores hacía poco fiable la navegación, aunque el método suponía una mejora ostensible de los anteriores, especialmente del de la navegación por estima.

Estas eran las tablas que Babbage quería hacer con su máquina de diferencias: poca cosa podía lograr respecto a los errores de observación y de cálculo a bordo de los barcos, pero podía proporcionar a los navegantes tablas seguras y que no se añadieran a los inevitables errores a bordo.

3. Las máquinas de Babbage

En el verano de 1821, Charles Babbage y un colega estaban ocupados en la aburrida y frustrante tarea de comprobar si había errores en unas tablas, un encargo que los había llegado desde la Royal Society. No tenían que hacer los cálculos ellos mismos; su trabajo se reducía a comparar los resultados obtenidos por dos calculistas diferentes. Si los resultados coincidían, entonces era razonable suponer que no había errores. Pero, ¿qué ocurría si no coincidían? ¿Quién era el bueno y quién el malo? Es decir, tenían que repetir los cálculos que conducían a aquel resultado. Por añadidura, la metodología seguida –la de diferencias–, a pesar de ser muy efectiva por su simplicidad, tenía el gran inconveniente que si se producía un error en un punto determinado, entonces el error se propagaba a todos los cálculos posteriores. Es en el momento en que se está realizando esta tarea tan poco creativa cuando Babbage exclama:

> "¡Dios mío! ¡Cómo me gustaría que todas esas operaciones pudieran realizarse con vapor!"

Y, dicho y hecho, desde aquel momento empieza la gigantesca tarea de diseñar, conseguir financiación y construir una máquina que fuera capaz de realizar todas esas operaciones y, además, imprimir los resultados. Los antecedentes remotos de este tipo de máquinas eran solo la Pascalina y la de Leibniz. Ambas eran simples ayudas de escritorio manuales, y ya desde el principio Babbage tenía claro que la suya sería muy distinta que una máquina de calcular ordinaria, puesto que había de ser autónoma: una vez introducidos los valores iniciales, la máquina podría seguir produciendo resultados siempre que el operador continuara dando vueltas a la manecilla. Solo esta característica ya la convertía en una máquina muy avanzada para su tiempo y, de hecho, es el primer diseño completo de una máquina de calcular totalmente automática.

La *Máquina de Diferencias 1* tenía por objetivo calcular y tabular polinomios. El también matemático Brook Taylor (1685-1731), quien, por cierto, formó parte de la comisión de la Royal Society que dictaminó que Leibniz había plagiado a Newton, había culminado, en 1712, trabajos anteriores y había demostrado que, bajo ciertas condiciones, algunas funciones, entre las cuales estaban las trigonométricas y las más importantes a los efectos de las necesidades prácticas del momento, se podían aproximar mediante polinomios, es decir, que el cálculo y la tabulación de estas funciones podía reducirse fácilmente a sumas y productos. Tres años más tarde, en 1715, Taylor publicó los detalles del método de diferencias, que permitía reducir la tabulación de polinomios a simples sumas. La primera máquina de Babbage estaba basada en esta técnica y de aquí el nombre que le puso. Estrictamente hablando, tanto la *Máquina de Diferencias 1*, como la *2*, son calculadoras. Su mecánica es siempre la misma, sumas repetidas de acuerdo con el método de diferencias, y no podían ser empleadas para realizar ninguna otra clase de operaciones aritméticas más generales. Para cada polinomio que se quería tabular, había que introducir los primeros valores, el número de los cuales dependía del grado de polinomio, y la máquina iba produciendo los resultados correspondientes; cuando cambiaba el polinomio, había que volver a inicializar la máquina.

Babbage decidió emplear la tecnología más sofisticada del momento, la de los relojes, de forma que su máquina está formada por un conjunto de engranajes entrelazados y que mueven unos discos en los que constan los dígitos del 0 al 9. Estos discos están dispuestos de forma vertical: el disco inferior indica la cifra de las unidades, el segundo el de las decenas y así sucesivamente. La longitud de las cifras que la máquina puede manipular está marcada por el número de discos de cada columna y el número de columnas marca el máximo grado del polinomio que puede tratar. En total, el diseño de la *Máquina de Diferencias 1* preveía la utilización de unas 25.000 piezas.

Entre los muchos problemas que Babbage tuvo que resolver estaba la precisión tanto de los engranajes como de los discos. Aunque los relojeros habían llegado a realizar engranajes de alta precisión, no fue nada fácil conseguir los mismos niveles para las piezas de la máquina de diferencias. Aún así, Babbage consiguió implementar un sistema de detección de errores: si un disco queda en una posición intermedia, sin señalar claramente un dígito determinado, entonces aquel resultado no es válido y la máquina se para.

Tan convencido estaba Babbage de las posibilidades de su máquina que en 1822 anunció su invento en una carta abierta al presidente de la Royal Society, Sir Humphrey Davy. La carta también tenía que servir para buscar apoyo financiero y en ella argumentaba que la utilidad real de la máquina era que podía realizar tablas para el Board of Longitude que no tuvieran errores, así como para elaborar otras tablas que tenían que realizarse con "un trabajo intolerable y una fatigante monotonía". También cabe destacar que la Astronomical Society le otorgó, en 1824, su medalla de oro por la invención de esta máquina, a pesar de que, en aquel momento, no pasaba de ser una idea representada en multitud de dibujos y esquemas.

La parte acabada de la máquina de diferencias de Babbage

Fuente: Wikimedia Commons

Como ingeniero del proyecto, Babbage contrató uno de los mejores fabricantes de herramientas del momento y reconocido dibujante, llamado Joseph Clement. Las relaciones entre ambos no fueron nunca muy fluidas, dado que Babbage lo consideraba poco más que un simple mecánico, encargado tan solo de seguir fielmente sus instrucciones, mientras que Clement se consideraba –y seguramente era– un artista y veía que su función excedía ampliamente la consideración que le dispensaba Babbage. Por otro lado, Clement tenía tendencia a presentar facturas que superaban con creces las previsiones. Las continuas disputas entre ambos llegaron a un punto de ruptura, en 1833, por una discusión relacionada con un cambio de ubicación del taller donde se construía la máquina y las compensaciones económicas que exigía Clement a causa de este cambio. La ruptura significó la interrupción de la construcción de la máquina de diferencias.

Un año antes de la ruptura, en 1832, Clement había entregado a Babbage un dispositivo de muestra que venía a ser el equivalente de una séptima parte de la máquina completa. Era una buena demostración de lo que podía llegar a hacer, pero el problema era que no había nada más que mostrar tras poco más de una década de desarrollo, con un coste de cerca de 17.500 libras, el equivalente al de 22 locomotoras de vapor de Robert Stephenson. Babbage empleaba el dispositivo de muestra en sus reuniones sociales para impresionar a los asistentes. Entre estos, cabe destacar la única hija reconocida de Lord Byron, Lady Ada Lovelace, quién, deslumbrada por aquella maravilla, acabaría teniendo un papel importante en la difusión de la segunda máquina diseñada por Babbage, la *Máquina Analítica*.

La interrupción de los trabajos de construcción de la *Máquina de Diferencias 1* vino acompañada de una epifanía de Babbage, que al fin y al cabo todavía perjudicaría más su proyecto inicial. Se da cuenta de que son innecesarias las limitaciones de la *Máquina de Diferencias*, especialmente las relacionadas con la necesidad de reinicializarla para cada polinomio que debía tabularse y, también, que solo podía emplearse para aplicar el método de diferencias. Así, llega –hacia 1834– al diseño de la *Máquina Analítica*, que resulta ser algo más que una calculadora, ya que marca la progresión de un dispositivo destinado a mecanizar determinadas operaciones aritméticas a un calculador de propósito general programable. Como los ordenadores actuales, la *Máquina Analítica* tenía dispositivos de entrada y salida de datos, una unidad de cálculo y otra para el almacenamiento. Además, la unidad de salida de datos, es decir, la de impresión, no solo tenía que ser sobre papel, sino que también podía imprimir sobre materiales blandos, como por ejemplo planchas de impresión. También permitía programar el formato de salida, de manera que los resultados producidos por la máquina podían ir directamente a la imprenta. Acabó incorporando esta misma idea a la *Máquina de Diferencias 2*.

Fichas perforadas de Jacquard

Fuente: http://homepage.cs.uiowa.edu/~jones/cards/history.html

Pero la innovación más sorprendente del diseño de la *Máquina Analítica* proviene de la unidad de entrada, que propone la utilización de fichas perforadas como las que Jacquard (1752-1834) había introducido en los telares y que habían posibilitado la fabricación de tejidos con todo tipo de dibujos. Babbage llegó a imaginar cómo esta técnica permitía, además de introducir los datos en la máquina, introducir también las operaciones que tenía que hacer con ellas, es decir, programar la máquina. Esto lo llevó a ver sus máquinas también como una nueva tecnología para las matemáticas, más allá de simples artefactos para realizar una clase limitada de operaciones aritméticas.

Esta visión también la compartió Ada Lovelace, quien al fin y al cabo y a pesar de las reticencias de Babbage, acabó siendo la mejor publicista de las posibilidades de la *Máquina Analítica*. Babbage no llegó a publicar nunca una descripción completa de esta máquina, pero su entusiasmo lo llevó a reconocer –ante las instituciones que lo tenían que seguir financiando– que la nueva máquina convertiría en completamente inútil la primera, lo que contribuyó largamente al fracaso del proyecto de la *Máquina de Diferencias 1*. Una vez constatado este fracaso, acabó aceptando una invitación para ir a Turín a presentar, en un congreso de matemáticos italianos, sus ideas sobre la *Máquina Analítica*. De aquel congreso, salió un artículo escrito por uno de los asistentes, Luigi Federico Manabrea, que fue publicado en 1842, en francés, en una de las principales revistas científicas europeas del momento.

Ada Lovelace

Fuente: Wikimedia Commons

Ada Lovelace publicó, al año siguiente, una traducción al inglés, *Sketch of The Analitycal Engine, Invented by Charles Babbage,*[11] que tras una sugerencia del propio inventor, había ampliado con detalles bastantes significativos hasta duplicar sobradamente la extensión del artículo original. Ada deja muy claro en algunos pasajes que había entendido las posibilidades de la máquina e, incluso, llega a manifestar que, más allá de manipular números, la máquina podía también llegar a manipular expresiones algebraicas. El entusiasmo de Ada Lovelace llegó a tal punto que, consciente de las escasas –por no decir nulas– habilidades relacionales del inventor, se le ofreció para hacerle de representante ante las instituciones que podían financiar el proyecto. La respuesta seca y antipática de Babbage a este ofrecimiento no deja de ser una buena

11 Este artículo, con las anotaciones de Ada Lovelace, está disponible en http://www.fourmilab.ch/babbage/sketch.html (consultado el 27 de agosto de 2013).

muestra de la carencia de estas habilidades. Y probablemente también sea una muestra del desencanto de Babbage cuando supo que Ada se casaba. Parece que, después de la muerte de su esposa, Babbage había ponderado –o soñado– la posibilidad de casarse con ella, con la oposición frontal de la madre de Ada. Hoy, Lovelace es reverenciada –hay un lenguaje de programación denominado ADA en su honor– como la primera programadora de la historia, lo que puede apreciarse en las notas al artículo mencionado, todo ello sin olvidar la visión de las posibilidades del artefacto de Babbage y explicarlo de una forma brillante.

Una vez finalizado el diseño de la *Máquina Analítica* y, vistas las dificultades para conseguir financiación para esta máquina, que era mucho más faraónica que la anterior, a partir de 1846, Babbage abandona este proyecto y empieza a considerar una versión mejorada y simplificada de la primera máquina de diferencias. Completó el diseño de la *Máquina de Diferencias 2* entre 1847 y 1849. Solo tenía una tercera parte de las piezas de la primera y era capaz de tabular polinomios de grado hasta 7 y manejar números de 31 cifras. Pero la innovación más importante de esta máquina era la unidad de impresión, para la que aprovechó el diseño de la *Máquina Analítica*. No consiguió financiación; de hecho, no consiguió que el Gobierno tomara en consideración el proyecto. A partir de este momento, Babbage, frustrado y amargado, se recluye en su casa y, a partir de 1856, empieza a trabajar intensamente en la mejora de la *Máquina Analítica*, a pesar de que es consciente de que nunca pasará de ser un proyecto sobre papel. Dejó miles de páginas escritas sobre esta máquina, pero nunca llegó a publicar nada. Los detalles son tan intrincados y la escritura tan espesa que tendrán que pasar más de cien años para que este trabajo sea interpretado y analizado, lo que empieza a ocurrir a partir de 1970.

4. Y, a pesar de todo, funciona

Después de la muerte de Charles Babbage, en 1871, su hijo donó toda la documentación al Science Museum de Kensington, donde permaneció abandonada en algún rincón, hasta que, un siglo más tarde, en 1985, un equipo liderado por Doron Swade retomó el proyecto y consiguió finalizar, en 1991, la parte aritmética de la *Máquina 2*, a tiempo de celebrar el bicentenario del nacimiento de Babbage. El 2002, el mismo equipo acabó de construir toda la máquina, que está expuesta y en funcionamiento en dicho museo.[12] Lo cierto es que este equipo llevó a cabo esta tarea usando solo la tecnología que estaba al alcance de Babbage y tan solo tuvieron que introducir correcciones menores en sus diseños, unas correcciones que él mismo hubiera tenido que hacer sobre la marcha si hubiera podido salir adelante el proyecto de construcción. Todo ello representa una reivindicación póstuma del genio de este hombre, puesto que pone en evidencia que, contrariamente a lo que se acostumbra a explicar, la tecnología del momento hacía posible sus

12 En la web http://www.computerhistory.org/babbage/ hay un vídeo donde se puede ver la *Máquina 2* en funcionamiento. (Consultado el 25 de agosto de 2013).

máquinas y que hay que buscar otras razones para entender su fracaso.

Aparentemente, Babbage lo tenía todo a su favor: posición económica y social, la mejor ingeniería del momento, financiación por parte del gobierno durante una década de desarrollo. Pero todos estos condicionamientos no fueron suficientes para contrarrestar las dificultades inherentes a la precisión exigida, que comportaba unos costes de desarrollo muy elevados, con una financiación irregular, inestabilidad política, las broncas con Clement, retrasos en sus compromisos, y la consiguiente pérdida de credibilidad. Tampoco le ayudó un carácter estricto en sus principios, una suspicacia a flor de piel, acompañada de cierta facilidad para hacer críticas públicas y despiadadas contra quién él consideraba sus enemigos. Por añadidura, Babbage era un pésimo publicista, detestaba explicar en público su trabajo y no se molestó en promover el potencial matemático de sus ideas, por lo que sus artefactos eran juzgados solo como grandes calculadoras, con el desdén consiguiente, debido a la tradicional división cultural entre ciencia pura y aplicada por parte de los expertos que no consideraban necesarias nuevas tablas.

En cualquier caso, tanto la máquina de Babbage que se exhibe en el Science Museum, como los cronómetros marinos de John Harrison, que todavía funcionan en Greenwich, representan los mejores homenajes posibles al genio y al comportamiento de estos dos visionarios que tanto se adelantaron a su época. Un futuro que habría sido mucho más cercano si no hubieran tropezado también con la burocracia y los intereses contrapuestos de los que defendían otras opciones y que lideraron intrigas en su contra. Sería el caso de los astrónomos reales, Neville Maskelyne, contra Harrison y sus cronómetros marinos, y el de Sir George Bidell Airy, quien consideraba que las máquinas de Babbage "no valían la pena" y así lo manifestó al primer ministro cuando le pidieron un informe sobre el tema.

Lo cierto es que en los trabajos de Babbage ya están los principios esenciales de los ordenadores electrónicos, que no se empezaron a construir hasta un siglo más tarde. Debido a que la reivindicación de la figura y la obra de Babbage no se inicia hasta los años setenta del siglo pasado, se podría pensar que los constructores de los ordenadores electrónicos redescubrieron, de forma independiente, estos principios. Pero, como veremos más adelante, hay indicios suficientes para pensar que los pioneros de la era digital podían conocer los trabajos de Babbage y optaron por no mencionarlos: aun así, Babbage no había llegado a construir ninguna máquina analítica. Por consiguiente y, desde este punto de vista, la aportación de los constructores de los ordenadores se habría reducido a implementar, con tecnologías electrónicas, los descubrimientos de Babbage. En cualquier caso, lo que está claro es que el problema de construir una máquina para hacer operaciones aritméticas que evitara los errores humanos llevó a Babbage a descubrir los principios básicos de los ordenadores.

Y todo había empezado con una siesta.

La porcelana china de los Cochrane

1. Josephine G. Cochrane

En Estados Unidos hay ocho ciudades que comparten el nombre de Shelbyville, cada una de ellas en un Estado diferente. Los seguidores de las aventuras y desventuras de los Simpson, probablemente saben que, de estas ocho, hay una que solo existe en la ficción: es la ciudad rival de Springfield, donde está el hogar de Homer y su familia. De las otras, la de Illinois se enorgullece de ser el lugar donde se inventó el lavavajillas hacia el año 1884. No es una ciudad muy grande, puesto que solo tiene –según el último censo oficial– 4.700 habitantes, la mayoría de raza blanca, pero es el lugar que eligió para vivir, en 1870, la pareja formada por la inventora del lavavajillas, Josephine Garis Cochrane (1839-1913) y su marido, William Cochran (1831-1883). Josephine, siempre que podía añadía una "e" final al apellido de su marido, seguramente para aumentarle el glamour.

Josephine y William se habían casado en 1858, cuando ella solo tenía diecinueve años. Era hija de un ingeniero civil, John Garis, especializado en molinos de agua, por lo que tenía que mudarse constantemente. La madre de Josephine falleció cuando ella era adolescente y su padre decidió enviarla a una escuela privada que, al cabo de poco tiempo, quedó destruida por un incendio. Así pues se fue a vivir con una hermana de su padre, en la misma ciudad donde vivía William y donde se conocieron y casaron. William era un joven de 27 años, guapo y de buenas maneras. Debían hacer una buena pareja, ya que algunas descripciones hablan de una mujer "bonita, vivaz y decidida".

Josephine Cochrane

Fuente: Fuente: http://www.alincolnlearning.us

Cinco años antes, en 1853, William había llegado a California en tren, atraído por la fiebre del oro de 1849. Cuatro años más tarde, abandonó esta aventura con una ostensible cojera como único beneficio. La cojera era fruto de un accidente en un campo minero. A su regreso abrió un almacén de víveres secos, con el que ganaba suficiente dinero para llevar una vida confortable. Llegó a ser uno de los líderes del Partido Demócrata del condado, parece que gracias a la popularidad y a la fama de hombre sensato que adquirió durante la guerra civil, de la que se había librado a causa de su cojera. Los demócratas eran la fuerza mayoritaria en aquel lugar y explican las crónicas que, cuando Abraham Lincoln hizo un mitin, solo asistieron, como mucho, media docena de asistentes. En 1864, William había sido elegido para ocupar un cargo en la Administración del estado, relacionado con la resolución de disputas financieras, y parece que lo ejerció satisfactoriamente, hasta el punto que muchos de sus conciudadanos lo denominaban "Juez Cochran". Fue reelegido hasta tres veces.

No dejaron descendencia: la única hija del matrimonio había muerto a los dos años. Así, debido a la posición de los Cochran, con un extenso círculo de amistades, la principal ocupación de Josephine era hacerse cargo del servicio del hogar y, muy especialmente, de los detalles de la intensa vida social que comportaban los cargos y el negocio de William, que solía manifestarse en forma de cenas frecuentes en la amplia casa blanca de la pareja, situada en una de las esquinas de un barrio residencial de Shelbyville. Para estas cenas, Josephine usaba una antigua –y parece que valiosa– vajilla de porcelana china. Era tan antigua que estaban convencidos de que había pertenecido a su familia desde hacía más de doscientos años, desde principios del siglo XVII. Josephine se desesperaba al ver que, después de cada cena, alguna de las piezas de la vajilla había sido víctima de la poca destreza de los criados encargados de la limpieza. Además, empleaban mucho tiempo y, al final, los resultados, en lo que se refería a la limpieza, no eran muy brillantes.

Decidida y enérgica, optó, en primera instancia, por limpiar ella la vajilla, pero pronto se dio cuenta de que si había algo en el mundo que la fastidiaba era precisamente fregar platos, por muy valiosa que fuera la vajilla de porcelana china.

En definitiva, la solución al problema era difícil; los criados estropeaban la vajilla y a ella no le hacía ninguna gracia tener que limpiarla. Todo ello la llevó a exclamar "¡Alguien tendría que inventar una máquina para limpiar vajillas!" y, cuando hubo comprobado que este alguien no aparecía en ninguna parte, decidió inventar ella misma una máquina que protegiera la preciada vajilla de los errores de los criados, es decir, una máquina que eliminara, en lo posible, la intervención humana en el proceso de limpieza. Probablemente sin saberlo, se añadía a Ramon Llull y a Charles Babbage, con sus correspondientes obsesiones de eliminar errores humanos en las disputas escolásticas, el primero, y en los cálculos de las tablas de navegación, el segundo. Si la principal fuente de error era la intervención de los humanos, la mejor manera de disminuir estos errores era ayudarlos con máquinas que sirvieran para obviarlos. Unas máquinas que, incluso, podían llegar a sustituirlos, cuando menos en parte.

Josephine comentó su idea a amigos y conocidos y todos la alentaron a proseguir su proyecto. Supo que, al fin y al cabo, había habido dos patentes de máquinas para limpiar vajillas. La primera databa de 1850 y pertenecía a Joel Houghton. Se trataba de un barreño de madera, que contenía un estante de alambre donde los platos y otras piezas de la vajilla quedaban sujetos y sumergidos en agua con jabón. Una vez tapado el barreño, había que girar una manecilla que agitaba el agua y, no hay que ser muy listo para entender que todo ello no acababa de funcionar, por lo que el invento fracasó. La segunda patente, de 1865, cuyo propietario era L. A. Alexander, estaba compuesta también por un barreño, pero en este caso se hacía girar el estante de los platos en el interior, también con una manecilla. Una mejora que tampoco era suficiente para obtener buenos resultados, especialmente en lo referente a la limpieza conseguida.

Probablemente el lavavajillas de Houghton se asemejaba mucho al del dibujo de la izquierda. El de la derecha está extraído de la patente de Alexander.

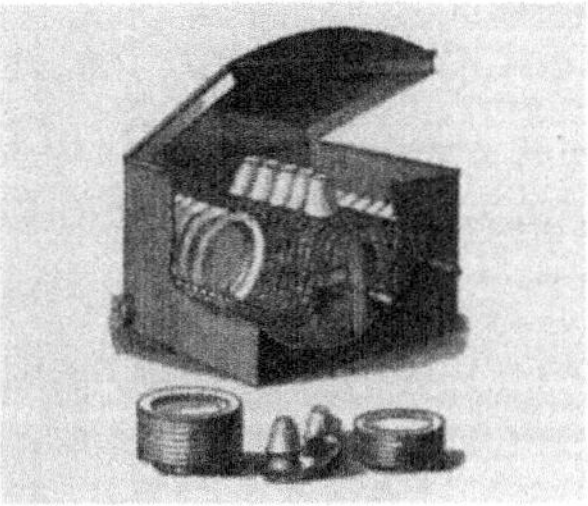

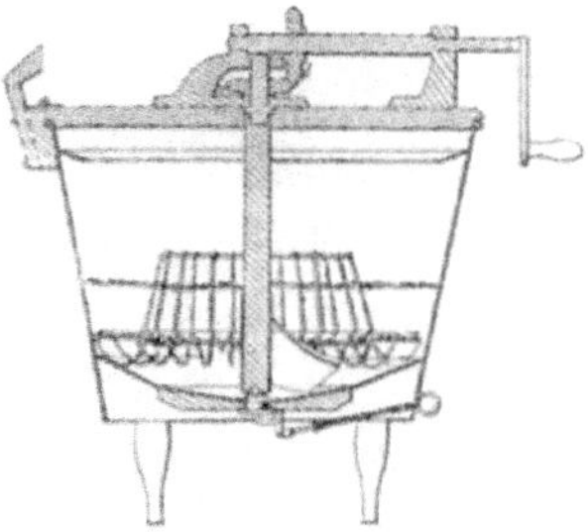

Fuente: Izquierda: http://www.thespotinstituto.com.ar/.
Derecha: http://www.uh.edu.

Con estos antecedentes, Josephine se puso a trabajar y los elementos básicos de su diseño están todavía presentes en los lavavajillas actuales. Probablemente la historia de Josephine Cochrane como inventora se habría acabado aquí si no hubiera sido por un hecho crucial que cambió su existencia. Dos semanas después de haber empezado a diseñar su lavavajillas, William Cochran falleció, lo que destapó la cruda realidad de que estaban esencialmente arruinados. Los bienes que tenía fueron cuantificados en 1.535,59 dólares, mientras que las deudas ascendían a 2.769,77 dólares. Josephine solo pagó 55 centavos por dólar que debía y tuvo que empezar de cero.

La única salida a esta situación era intentar comercializar su invento y a ello se dedicó en cuerpo y alma el resto de su vida. De este modo, Josephine, de ser la esposa de un respetable comerciante y líder político, quien según algunos de sus contemporáneos habría podido llegar a ser gobernador del Estado de Illinois, a pesar de que parece que tenía problemas con el alcohol que le provocaban episodios de violencia, pasó a tenerse que buscar la vida como empresaria, en una sociedad donde este tipo de actitudes por parte de una mujer no eran ni habituales ni tampoco demasiado bien vistas.

Pero, ¿de dónde había obtenido Josephine los conocimientos necesarios de mecánica para poder afrontar con éxito su invento? Evidentemente, no lo había aprendido en ninguna escuela. Todo era fruto de la educación informal que recibió de su padre, John Garis, y de lo que había escuchado de su bisabuelo, John Fitch, inventor del primer barco de vapor en Estados Unidos.

2. De tal palo tal astilla

Cómo no podía ser de otro modo, el primer lavavajillas se parecía más a una serrería de las que supervisaba el padre de Josephine que a un artefacto destinado a ocupar un espacio en las cocinas domésticas. Cuando Josephine nació, John Garis supervisaba la construcción y el mantenimiento de molinos de agua a lo largo del río Ohio, entre los estados de Ohio e Illinois. Los molinos de agua eran una de las fuentes principales de energía de la época para mover serrerías de madera, harineras y fábricas textiles, entre otras. No se puede obviar que, por otro lado, la fiebre del oro de 1849 de California se inició cuando unos obreros desviaban el curso de un río para construir uno de estos molinos. En medio de las excavaciones, uno de los obreros observó como brillaban algunas de las piedras y cuando descubrió la razón de este brillo, en lugar de callarse, empezó a gritar "¡Oro!, ¡Oro!". Esto desencadenó una de las epopeyas a las que Hollywood ha dedicado más metros de celuloide y que, a la postre, acabó atrayendo también a William Cochran. Por cierto, la serrería en cuestión todavía es una atracción turística para los que siguen la ruta 49 en California.

John Garis también intervino como ingeniero en la urbanización de Chicago de los años 1850, cuando la ciudad creció a expensas de ríos y humedales. Parece que, para facilitar su trabajo, se entretuvo a inventar una bomba para desecar humedales. Pero, en cualquier caso, sin la ayuda de su esposa, que había muerto tiempo atrás, tuvo que enfrentarse solo a la educación de su hija, que en aquellos años le acompañaba. De este modo, parece que influyó de forma significativa en crearle la mentalidad de un ingeniero. Una mentalidad que, finalmente, fue esencial en el desarrollo del primer lavavajillas que funcionaba.

Pero el de John Garis no era el único antecedente familiar de Josephine involucrado en la invención de artefactos y, también, en la emprendeduría. Uno de sus bisabuelos por parte de madre era John Fitch (1743-1798), quién había obtenido, en 1791, una patente para un barco de vapor. Había empezado como aprendiz de relojero, después de haber trabajado en la granja familiar. Llegó a ser el propietario de un importante taller de relojería y platería, pero los británicos lo destruyeron durante la revolución de las colonias. A partir de aquel momento cambió sus actividades y se dedicó a la especulación de terrenos y, también, al contrabando de cerveza y tabaco para las tropas coloniales. Parece que durante una de estas incursiones fue capturado por parte de una tribu indígena, que lo entregó a los británicos y estos lo dejaron en libertad. Fue durante este cautiverio cuando tuvo la idea del barco de vapor, pensando probablemente que si hubiera viajado en uno de esos no le hubieran capturado.

Había visto un dibujo de la máquina de Newcomen en una enciclopedia y había oído hablar de la de Watt. Así construyó su primer barco de vapor, una barca de casi 13 metros, llamada *Perseverance*, equipada con seis remos alineados a cada lado del barco, al estilo de las canoas indígenas. Los remos emulaban la tarea de los remeros humanos, gracias al impulso de una máquina de vapor. Hizo la primera demostración de su invento en el río Delaware, en 1787, en presencia de algunos delegados de la Convención Constituyente. De entrada, los espectadores no pudieron evitar la risa al ver el movimiento de los remos, pero cuando empezaron a darse cuenta de que funcionaba, no los quedó otro remedio que callar.

El primer barco de vapor de J. Fitch

Fuente: Wikimedia Commons

Entre 1785 y 1796 construyó cuatro barcos que demostraban la viabilidad del vapor como medio de propulsión. De los remos indígenas pasó a las ruedas de remos e, incluso, a las hélices. Sin embargo, el éxito mecánico no fue acompañado del económico, pues no fue capaz de conseguir financiación, ni pública, ni privada, a pesar de haber construido un barco que transportaba regularmente mercancías y pasajeros entre Filadelfia y Nueva Jersey. Los planes de financiación de Fitch pasaban por conseguir el monopolio para su barco durante 14 años, pero la oficina de patentes, recién creada, otorgó el mismo día tres patentes similares. Vistas las dificultades, optó por irse a Francia, en 1793, donde también había registrado la patente de su invento y donde tenía un inversor interesado en su desarrollo. Pero tuvo la mala fortuna de llegar a Francia cuando empezaba el Reinado del Terror, durante la Revolución, y no le quedó otro remedio que volver a Estados Unidos en 1794, donde intentó retomar, sin éxito, algunos de sus negocios de especulación de terrenos. Finalmente, en 1798, optó por el suicidio. Con todo, Fitch ha sido reconocido como el verdadero inventor del barco de vapor en Estados Unidos y, a pesar de la desafortunada decisión final, su familia siempre lo había reverenciado como un héroe. Por ello no es osado pensar que Josephine Cochrane conocía los detalles de la invención de su bisabuelo, así como su fracaso en la obtención de financiación para poder desarrollarlo ampliamente.

Esta era, por consiguiente, la educación informal que había tenido Josephine, lo que, junto con su proceder y decisión, la llevaron a inventar un lavavajillas que, actualmente, igual que la *Máquina Analítica* de Babbage, no ha sido superado en sus principios básicos, aunque sí en cuanto a la tecnología necesaria para su construcción.

3. Los lavavajillas de Josephine

Dos semanas antes de la muerte de su marido, Josephine empezó a pensar seriamente en el diseño del lavavajillas. En primer lugar vio que, para que los platos quedaran limpios, era necesario que el agua con jabón se vertiera a presión. Empezó haciendo pruebas de concepto en el fregadero de la cocina y se dio cuenta de que, a pesar de que había agua por todas partes, la idea funcionaba. El siguiente paso fue poner los estantes con los platos dentro de una caldera de cobre y luego incorporar el resto de los elementos, sin olvidar en ningún momento que era importante que el lavaplatos lo pudiera operar cualquier persona, tuviera fuerza o no. Para que la ayudara con los detalles técnicos pertinentes, contrató a un mecánico ferroviario, llamado George Butters, quién la acompañó hasta el final.

Al cabo de dos meses ya tenía el primer lavavajillas que funcionaba con éxito. Sus amigos, vecinos y conocidos iban a su casa para verlo funcionar y la inmensa mayoría quedaban impresionados ante aquella maravilla. Entre ellos, un hombre de negocios que pronto se dio cuenta de que el mercado al que tenía que apuntar Josephine no era el de los hogares, sino más bien el de los hoteles de lujo y los restaurantes. Aconsejó en este sentido a la inventora, que fue lo bastante avispada y tuvo la flexibilidad suficiente para aceptar el consejo y desviarse de su objetivo inicial. Lo cierto es que a menudo resulta más difícil ver la utilidad de un invento que llevarlo a cabo. Si Cochrane se hubiera obstinado en seguir su objetivo inicial, probablemente habría fracasado.

En el primer modelo, la presión del agua con jabón la proporcionaba una bomba hidráulica manual. El agua era lanzada sobre los platos y sobre el resto de piezas de la vajilla, fijadas a unos estantes de alambre, en un montaje muy similar a los lavavajillas modernos. Con cada movimiento de la manecilla de la bomba, el contenedor de los platos giraba un poquito y así el agua con jabón se repartía de manera uniforme. Para enjuagar el jabón, había otra bomba –activada por la misma manecilla– con la ventaja de que, al ir directamente del depósito a los platos, podía ser agua hirviente, lo que suponía una mejor eliminación de gérmenes, además de acelerar el proceso de secado. Visto el éxito inicial del lavavajillas, decidió enfrentarse a un reto posiblemente más difícil que diseñar el invento, como era montar una empresa que los fabricara y vendiera. En este punto, posiblemente muchas de las decisiones acertadas que tomó estaban influenciadas por la experiencia de su bisabuelo con el barco de vapor.

Solicitó la primera de las muchas patentes que llegó a registrar. La solicitud se presentó en agosto de 1887 y se concedió en octubre de 1888. Mientras tanto había acudido a su extenso círculo social para vender sus primeros lavavajillas. Los primeros contactos los hizo con la ayuda de algunas de estas amistades, pero tampoco tuvo ningún reparo en presentarse en lugares donde no la conocían ni tenía ninguna recomendación –una auténtica osadía en aquellos años, especialmente para una mujer– para intentar vender –a menudo con éxito– sus máquinas. Al no tener capital para montar ella misma una fábrica, contrató a una empresa para que le hiciera los lavavajillas, de acuerdo con sus especificaciones, que Josephine cambiaba constantemente, a medida que iba adquiriendo experiencia y con el objetivo de irlos mejorando. Era muy consciente de las diferencias entre el diseño de un artefacto y su funcionamiento real. Las relaciones con esta fábrica nunca fueron muy cordiales. Por un lado, Josephine veía que la idea y los clientes habían sido suyos y, aun así, la mayor parte de los beneficios revertían en los propietarios de la fábrica. Por añadidura, el proceso de introducción de mejoras se convirtió en un auténtico calvario, ya que los mecánicos encargados del trabajo la menospreciaban, seguramente por ser mujer y por no tener el entrenamiento formal necesario.

Dibujos de la patente de Cochrane

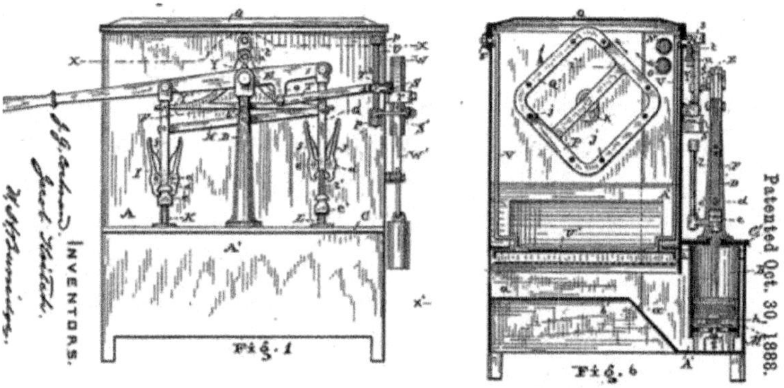

Fuente: Elaboración propia a partir de la patente

Aun así, hacia 1888, la compañía tenía dos modelos, cada uno de los cuales podía ser fabricado en diferentes tamaños.

El más simple, operado a mano, no difería mucho del primero en su estructura y funcionamiento, es decir, estantes con platos dentro de una caldera de cobre, rociados con agua y jabón a presión, proporcionada por una bomba manual. Y, para enjuagar, otra bomba con agua hirviendo. El segundo era bastante más sofisticado y complejo desde el punto de vista mecánico. A cada lado, tenía unos estantes para la vajilla, que podían ser desplazados hacia delante y hacia atrás y lateralmente mediante poleas, engranajes y cadenas que incorporaba la máquina. Gracias a esto, no era necesario tener mucha fuerza para usarlos, es decir, era una máquina apta para cualquier persona normal, independientemente de su constitución física. Las manecillas podían sustituirse por un motor eléctrico, que se vendía aparte.

Llegados a este punto y vistas las dificultades que tenía con los fabricantes, intentó –pero no fanáticamente– varias opciones de financiación. No se salió con la suya, probablemente porque se trataba de una empresa dirigida por una mujer, aunque este fracaso en la financiación acabó siendo un éxito, ya que con la crisis de 1893, las primeras empresas que se desplomaron fueron los nuevos negocios fuertemente financiados. De hecho, 1893 fue un gran año para Josephine Cochrane, primero porque cuando llegó la crisis, no tenía dinero ni tampoco deudas. Segundo, porque la Exposición Colombina de Chicago de aquel año le proporcionó un espléndido escaparate para sus máquinas, con miles de visitantes que, esencialmente y como hoy en día, iban a la exposición a comer y beber, con el consiguiente montón de platos y tazas que tenían que lavarse. Consiguió instalar nueve máquinas en el recinto y pronto se puso de manifiesto que reducían un setenta y cinco por ciento el personal necesario para lavar platos, había muchas menos piezas rotas y, además, la desinfección de los platos limpios aumentaba sensiblemente gracias al agua hirviendo empleada para enjuagarlos.

Al tratarse de una de las pocas invenciones hechas por una mujer que había en la exposición, atrajo a muchos curiosos que quedaban maravillados que una mujer hubiera podido hacer un invento tan mecánico. Ella decía que todavía lo habrían encontrado mucho más maravilloso si hubieran sabido las resistencias que había tenido que vencer de gente –hombres– con experiencia en mecánica que pensaban que estaba loca. En cualquier caso, todas las críticas fueron muy favorables e, incluso, recibió un premio a la mejor construcción mecánica, por su durabilidad y adaptación a la línea de trabajo. La publicidad que consiguió durante esta exposición contribuyó en gran medida al aumento de ventas de sus lavavajillas, pero también impulsó a muchos imitadores, aunque las máquinas de Cochrane, por sus prestaciones, siempre estuvieron por delante de las demás.

Finalmente, en 1898, con los ahorros que había ido acumulando, pudo montar su propia fábrica, con el fiel George Butters como jefe de producción. Empezaron solo con tres trabajadores, pero por primera vez podía hacer lo que quería con el diseño y otros detalles de las máquinas sin tener que soportar las vejaciones de los que la menospreciaban. Obtuvo el respecto de todo el mundo y pudo implementar los cambios que deseaba. Sus principales clientes seguían siendo hoteles y grandes restaurantes, pero nunca olvidó el ámbito doméstico y dedicó grandes esfuerzos –sin mucho éxito– a reducir el tamaño y el precio de sus lavavajillas. Tuvo que pasar aún medio siglo para que este sector se abriera finalmente a su invento.

Un lavavajillas industrial de Cochrane

Fuente: Elaboración propia a partir de la patente

Trabajó hasta el último momento. Murió en 1913 a causa de un agotamiento nervioso que le provocó una parálisis generalizada. No se había hecho rica con su invento, pero aseguraba que había sido "una experiencia maravillosa", que le permitió llevar una vida acomodada a ella y a sus empleados. Al poco tiempo de su muerte, la empresa cambió de nombre, pero siguió fabricando los diseños de Josephine Cochrane. Tras varias absorciones y adquisiciones, actualmente su empresa es parte de la Whirpool Corporation, que presume de haber sido fundada por Josephine. Mejoró la experiencia de su bisabuelo inventor, John Fitch, ya que consiguió fabricar y controlar su invento. Josephine Cochrane sostenía que le había tocado "vivir en un buen mundo que mejora cada día". Una parte de esta mejora ha sido gracias a su lavavajillas, inicialmente concebido para proteger una vajilla de porcelana china de los errores humanos.

¿Strowger? Créame, es mejor Smith

1. Sin enaguas

La Exposición Colombina de Chicago de 1893 no fue solo un escaparate para enseñar al mundo el lavaplatos de Josephine Cochrane. Entre las numerosas novedades que se presentaron, se exhibió un invento que pasó más desapercibido, posiblemente porque no lo había inventado una mujer y no era tan aparatoso ni espectacular como los lavavajillas, a pesar de que, sin duda, su impacto fue mucho más inmediato en el tiempo y más influyente en nuestra forma de vida. Seguramente, si los visitantes de la Exposición hubieran podido llegar a imaginar el impacto de este invento, habrían hecho lo posible para ir a verlo. Su nombre era "conmutador de Strowger" y fue la pieza clave que hizo posible la automatización del sistema telefónico y, por consiguiente, el acceso universal a este sistema de comunicación.

El primero de estos conmutadores había empezado a funcionar un año antes, en 1892, en La Poste, una pequeña ciudad de Indiana donde, en aquel momento, había 75 abonados al teléfono. La inauguración en La Poste se celebró a bombo y platillos, con un tren especial con invitados insignes llegados desde Chicago para que, al sonido de las fanfarrias, pudieran asistir a la puesta en marcha de la primera centralita de teléfonos totalmente automatizada, es decir, al primer establecimiento de llamada entre dos abonados sin necesidad de pasar por operadora. Un periódico saludaba la llegada de esta novedad con el titular "La primera central telefónica sin enaguas" (sic). Lo cierto es que precisamente el objetivo de su inventor, Almon B. Strowger (1839-1902), era evitar los errores de las operadoras de las centralitas al conectar con los abonados. Errores humanos al fin y al cabo, pero que, a diferencia de lo que ocurría con los inventos de Llull, Babbage o Cochrane, que querían evitar errores humanos involuntarios, esta vez el inventor estaba convencido de que se trataba de errores intencionados, muy intencionados, por lo menos en el caso de la telefonista de la central de Topeka (Kansas).

Operadora de una centralita

Fuente: http://selecttelecom.wordpress.com/

Eran los primeros años de despliegue de las redes telefónicas, de modo que para poder comunicar a dos abonados, era necesaria la intervención de un operador humano, mujeres en su mayor parte. Cuando un usuario quería telefonear, descolgaba el auricular de su terminal y, al otro lado, la operadora le preguntaba con quién quería hablar. Una vez obtenida la respuesta, la telefonista conectaba los circuitos correspondientes, el de quien quería telefonear y el del destinatario, y estos empezaban a hablar. Un ruido, similar al que se producía cuando un abonado descolgaba su auricular, avisaba a la telefonista de que la conversación había finalizado y esta desconectaba el circuito. Es un sistema que ha pasado a la historia, pero se trataba de una operación habitual que se aplicaba en muchos lugares de la geografía del Estado español –entre ellos mi ciudad, Felanitx– hasta los años setenta del siglo pasado, cuando se generalizó la automatización del sistema telefónico. Esta generalización tuvo lugar ochenta años después del otorgamiento de las patentes de sus conmutadores a Almon Strowger y de la instalación de la primera central automática en La Poste.

Pese a ser algo primitivo, el teléfono fue acogido, en Estados Unidos, como una herramienta que podía favorecer los negocios, ya que facilitaba la comunicación entre clientes y empresas. Una recepción muy distinta de la que tuvo en el Reino Unido donde, con buen criterio, se pensaba que el teléfono era un intruso permanente en el hogar y, además, mal educado, puesto que con el molesto repicar de su timbre podía interrumpir en cualquier momento la tranquila vida familiar, por lo que fue relegado al sótano donde vivía el servicio. En definitiva, en los primeros tiempos del despliegue de esta tecnología, se pensaba que, más que para establecer conversaciones punto a punto, como ha acabado ocurriendo, el teléfono ocuparía el lugar que, al fin y al cabo, ocupó la radio, es decir, para transmitir a distancia conciertos, conferencias y discursos e, incluso, noticias. Un espacio, el de las noticias, que anteriormente se había intentado ocupar con el telégrafo, con un servicio de telegramas con los últimos titulares del momento dirigidos a los usuarios abonados al servicio. Al final, el impulso del despliegue del teléfono procedió en primer lugar desde el mundo de los negocios y más adelante, pasó a ser la herramienta de comunicación interpersonal de hoy en día.

Almon B. Strowger

Fuente: Wikimedia Commons

Almon Strowger hizo instalar el teléfono porque estaba convencido de que serviría para aumentar la actividad de su negocio. Un negocio que había comprado en 1882 y que tenía unas expectativas inmensas en aquellos años turbulentos de la colonización del *Far West*. Él había nacido en

Penfield, Nueva York, y su abuelo, John Strowger, había sido uno de los primeros colonizadores de la ciudad. Sus padres tuvieron trece hijos, algunos de los cuales, como era desgraciadamente habitual en aquel tiempo, murieron jóvenes. Parece que, de niños, algunos de los hermanos ya mostraron ínfulas inventoras, dado que intentaron hacer una máquina voladora, aventura que abandonaron cuando supieron que los hermanos Wright ya lo habían conseguido. Parece también que con ello satisficieron en cantidad suficiente sus instintos inventores de juventud.

Almon tenía 22 años cuando empezó la Guerra de Secesión y se alistó al ejército, donde todos los indicios apuntan era corneta y que su batallón participó en alguna batalla importante. Al final de la guerra, se licenció con honores con el grado de teniente segundo y empezó a trabajar de maestro en su ciudad natal. Llegó a ser el director de la escuela y después se fue moviendo por toda geografía de Estados Unidos, ejerciendo de maestro en lugares como Illinois, Ohio, Michigan y Kansas. En 1882 decide hacer un cambio radical en su actividad y compra una funeraria en Topeka. Dadas las circunstancias, por lo que hemos podido ver en multitudes de películas, parece que la elección del sector de negocio no podía ser más acertada, con trabajo diario asegurado. Además, y según todos los indicios, el de Strowger era el único negocio de su tipo en la ciudad.

En este contexto, posiblemente para facilitar el acceso a sus servicios, decide instalarse el teléfono. No pasó mucho tiempo sin que Almon empezara a preguntarse si había sido una decisión acertada, ya que el aparato no acababa de funcionar bien. Parece que la calidad de los servicios de atención al cliente ya era parecido a hoy en día, porque no consiguió, en primera instancia, que le hicieran caso. Finalmente, averiguó que el problema podía tener su origen en un cartel que colgaba de los hilos de la línea de su teléfono y no descansó hasta que el director de la compañía intervino en el caso e hizo quitar el cartel. Finalmente, el teléfono empezó a funcionar bien. El teléfono funcionaba, pero no su negocio, cuya actividad empezó a decaer de forma clara. Había defunciones como siempre, pero no le llegaban pedidos, especialmente por vía telefónica. Cierto es que se había instalado otra funeraria en la ciudad, pero no era un hecho suficiente para justificar la alarmante carencia de clientela que empezaba a experimentar.

La situación llegó a extremos insostenibles cuando supo que había muerto un amigo suyo y que sus servicios no habían sido requeridos. Suspicaz como parece que era, intentó averiguar las razones y, según algunas versiones de la historia, hizo que un familiar llamara para pedir sus servicios. No resulta difícil imaginar cómo debió producirse esta conversación entre la operadora y el familiar de Strowger, si la llamada llegó a existir:

– Buenos días, ¿con quién quiere hablar?

– Operadora, por favor, póngame con la Funeraria Strowger.

– ¿La Funeraria Strowger? Mejor le pongo con la Funeraria Smith, quedará más satisfecho, créame.

– Pero yo quiero hablar con la Funeraria Strowger...

– No, no, si ya le he entendido. Pero es mucho mejor la Funeraria Smith y, además, le saldrá más barato. Me lo agradecerá. Venga, le pongo...

– Espere. Yo quiero hablar con la Funeraria Strowger...

– Lo siento, pero su teléfono no funciona.

Ya sea por esta conversación, o por cualquier otro medio, lo cierto es que Almon supo que la operadora de la centralita era la señora Smith, o que, en todo caso, tenía un asunto romántico con el amo de la competencia y que, por eso, no le pasaba las llamadas que iban dirigidas a su empresa. Pese a la experiencia no muy positiva –contrastada de forma fehaciente– con los servicios de atención, Strowger volvió a quejarse a la compañía telefónica y, esta vez, tampoco le hicieron caso. Por consiguiente, y en vez de coger una pistola y arreglar la situación, como era habitual en aquel lugar y en aquel tiempo, optó por diseñar un sistema que evitara la intervención humana en el establecimiento de llamadas y, así evitar los errores interesados o intencionados de las operadoras, ya que las máquinas son neutrales y, por consiguiente, sería difícil que pudieran llegar a tener este tipo de intereses.

2. El conmutador

Strowger realizó el primer prototipo de su intercambiador –o conmutador– con una caja de cartón cilíndrica no muy grande, cien agujas de sombrero y un lápiz. Dispuso las agujas de forma perpendicular al eje de la caja, en filas de diez. Al lápiz le añadió un brazo perpendicular que era capaz de establecer contacto con cada una de las agujas, ya que podía girar sobre su eje y moverse de arriba abajo. Si el lápiz se conectaba a la línea de un abonado, moviéndolo arriba y abajo, podía conectar con cualquier otro abonado, según la aguja con la que hiciera contacto el brazo del lápiz.

Esquemas del conmutador de Strowger que figuran en la patente

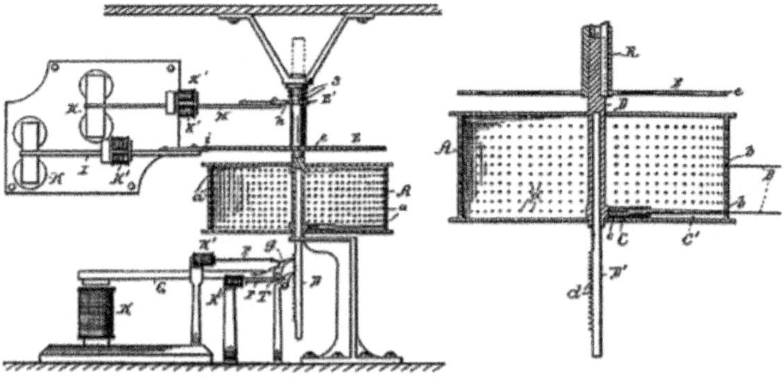

Fuente: Elaboración propia a partir de la patente

Con esta idea en mente y cuando todavía no tenía un modelo que funcionara, en marzo de 1889, Strowger solicitó la patente de su *Automatic Telephone Exchange,* que le fue otorgada dos años después, en marzo de 1891, con el número 447918 y que constaba de dos partes. La primera, que se tenía que conectar al terminal del usuario, era un dispositivo que creaba secuencias de pulsaciones correspondientes a los dígitos del 0 al 9. En una primera versión, había dos botones –como los que se usaban en los telégrafos–, uno para la cifra de las decenas y el otro para las unidades. Si se tenía que telefonear al número 43, había que pulsar el primer botón cuatro veces; cada una de estas pulsaciones movía el brazo de conexión –mediante un electroimán– hasta la fila 4. A continuación, había que pulsar el otro botón tres veces y el brazo –movido por otro electroimán– iba hasta la tercera columna y establecía la conexión correspondiente. La segunda parte de la patente, que tenía que instalarse en la central, era el conmutador, con un brazo rotatorio y que podía moverse arriba y abajo, paso a paso, según las pulsaciones que recibía desde el terminal del abonado. De este modo se podían conectar hasta cien teléfonos y, además, era posible añadir –en vertical o en horizontal– otros conmutadores, es decir, que el sistema era escalable, una característica que marcó en buena parte el éxito del invento de Strowger.

De hecho, en 1879 ya se había registrado la primera de las patentes de dispositivos para automatizar los teléfonos, pero ninguno de ellos llegó a funcionar bien, ya que tenían muchas más limitaciones que el sistema de Strowger. Aun así, este tampoco era perfecto, puesto que tenía inconvenientes como, por ejemplo, que no era capaz de detectar si una determinada línea estaba ocupada o no. Por otro lado, el usuario tenía que ser muy cuidadoso con el número de veces que pulsaba los botones, un inconveniente que se arregló sustituyendo los botones por discos giratorios, habituales hasta que fueron sustituidos, con la digitalización del sistema, por las teclas actuales.

Una vez conseguida la patente, con otro socio, encargaron a un relojero que fabricara un prototipo del conmutador, por el que estaban dispuestos a pagarle unos ochenta dólares. El relojero, de entrada, no lo consiguió y, tras darle muchas vueltas y gastarse 4.000 dólares –cincuenta veces más que el presupuesto inicial–, logró realizar un modelo funcional. Con este bagaje, Strowger fundó la compañía *Strowger Automatic Telephone Exchange* y la ubicó en La Poste. Parece que eligió esta ciudad porque era muy atractiva como lugar de pruebas para su sistema: no había servicio de teléfonos. La primera empresa que lo había intentado tuvo que cerrar el servicio a requerimiento de un juez, amparándose en una denuncia por infracción de la patente, que había interpuesto la Bell Telephone Company. En aquel momento, la Bell consideraba que la patente de su fundador, Alexander Graham Bell, le otorgaba los derechos exclusivos sobre cualquier instalación telefónica.

3. Pero, ¿quién había inventado el teléfono?

Llegados a este punto, resulta inevitable hacer una referencia a la turbulenta y controvertida historia de la invención del teléfono, una herramienta que ha sido unos de los motores más importantes de la innovación tecnológica del siglo pasado. Más adelante veremos como a su alrededor se congregaron una serie de curiosos que fueron capaces, hacia 1968, de inventar los ordenadores personales, gracias en buena parte a la electrónica que aprendieron intentando explorar las posibilidades del sistema telefónico, más allá de lo que habían previsto –y querían– los responsables de la todopoderosa Bell. El propio Alexander Graham Bell había sido, al menos hasta hace muy poco, un icono indiscutible de la capacidad de innovación y de emprendeduría en Estados Unidos. Pero, a medida que los historiadores de la tecnología van investigando los orígenes, van apareciendo hechos que, por lo menos, ponen en entredicho la ética de algunos de los métodos de los pioneros, como el propio Bell.

Respecto a la invención del teléfono, el día 14 de febrero de 1876 fue un día agitado en la oficina de patentes de Washington, DC. Según algunas versiones, a primera hora de la mañana, al abrir la ventanilla, Elisha Grey presentó al registro un aviso de patente (*patent caveat*, en inglés). Un aviso de patente era similar a una solicitud de patente, ya que tenía que contener una descripción del invento, con los diagramas y las explicaciones correspondientes, pero sin una revisión de lo que se intenta patentar ni reivindicaciones de patente. Era un tipo de comunicado oficial sobre la intención de desarrollar un objeto, o procedimiento, patentable, para evitar que otra persona pudiera patentar algo similar. Registrar un aviso de patente era más económico que una patente, tenía validez por un año y se podía renovar pagando solo diez dólares.

El aviso de Grey era sobre un "Instrumento para transmitir y recibir sonidos vocales telegráficamente", es decir, un teléfono. Desgraciadamente para unos, y afortunadamente para otros, el aviso de patente fue a parar –sospechosamente– a la caja de entradas pendientes de registro y los empleados de la oficina siguieron normalmente su actividad hasta mediodía, cuando un abogado especialista en patentes y, por más señas, amigo de uno de los responsables de la oficina, "casualmente" hizo acto de presencia con una solicitud de patente con el lacónico nombre de *Telegraphy*, en la que el inventor, Alexander Graham Bell, reivindicaba que su invento introducía mejoras en la telegrafía, en particular "un método y un aparato para transmitir telegráficamente sonidos vocales y de otro tipo, mediante ondulaciones eléctricas", o sea un teléfono, también.

La solicitud de Bell se registró antes del aviso presentado por Grey horas antes, dado que el abogado de Bell exigió que fuera registrada inmediatamente, mientras que los papeles de Grey quedaron relegados en un cajón hasta bien entrada la tarde. Parece que Bell había esperado –precisamente hasta aquel día– que su patente fuera registrada en el Reino Unido, dado que en aquel momento y en aquel país, no se aceptaban patentes que hubieran sido registradas en cualquier otra parte del mundo. Pero también parece seguro que Bell tuvo acceso a los papeles de Grey. Por un lado hay algunas notas manuscritas realizadas por el abogado de la solicitud de patente que añadían especificaciones que aparecían en el aviso de Grey. Por el otro, en las notas de laboratorio de Bell del día 8 de marzo de aquel año hay un dibujo que es sospechosamente similar a uno de los que aparece en los papeles de Grey: una cabeza de persona hablando con dispositivos iguales en ambas versiones.

Fragmento de la documentación que presentó Elisha Grey el 14 de febrero, superpuesto en la página del cuaderno de notas de Bell, correspondiente al día 9 de marzo

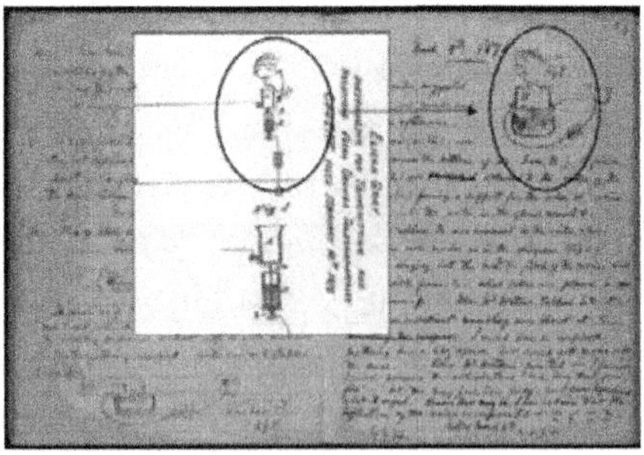

Fuente: http://www.patentlyo.com/patent/2008/01/the-telephone-g.html

Hay que observar que, cuando Bell registró la patente, todavía no funcionaba su invento, dado que su bloc de notas señala que el 10 de marzo de 1876 fue el día en que se transmitió la histórica frase "Señor Watson, ¡venga inmediatamente! ¡Le necesito!". Lo cierto es que, a pesar de las reclamaciones de Grey, solo tres semanas después de haber presentado la solicitud, el 7 de marzo de 1876 fue otorgada a Bell la patente del teléfono, con el número 174465. Esta patente fue la base para fundar la Bell Telephone Company, que empezó a implantar el servicio telefónico en Estados Unidos, empezando por Boston, lugar donde la empresa estableció su sede. Antes, Bell había ofrecido su patente a la Western Union Telegraph Company, que la rechazó por considerarla una juguete sin interés.

Poco tiempo después, la Western Union se dio cuenta de su error y empezó a desplegar su red de telefonía a través de la empresa Western Union Speaking Telephone Company. Para no tener que pagar los derechos por la patente de Bell, la Western usaba el aviso de patente de Grey y parece que también presentó otro aviso de patente de 1871, presentado bajo el título de Talking Telegraph, por un inmigrante italiano, llamado Antonio Meucci (1808-1889). En este aviso describe un invento, denominado *teletrófono,* que tenía esencialmente las mismas funcionalidades de los inventos de Bell y de Grey, aunque los partidarios de Bell argumentan que carece de algunas especificaciones esenciales del teléfono electromagnético.

Meucci había huido de la convulsa Italia de los tiempos de la reunificación y de Garibaldi. Tenía formación básica en ingeniería mecánica y pronto se interesó por la aplicación de la electricidad en medicina. En su camino hacia Estados Unidos tuvo que detenerse en La Habana, donde trabajó de tramoyista en el Teatro de la Ópera. Aprovechaba sus ratos libres para aplicar la terapia de electrochoque para curar enfermedades en un pequeño laboratorio en la trastienda del teatro. Uno de los elementos básicos del tratamiento era un electrodo que colocaba en la boca del paciente y, al no tener aparatos para medir la intensidad de la corriente, se ponía él mismo uno a la boca y así podía saber la intensidad de las descargas. Un día tuvo la sensación de que, a través de su electrodo, había oído los gritos de un paciente y a partir de esta experiencia empezó a indagar las posibilidades de transmitir voz por medio de cables eléctricos. En 1849 consiguió realizar un prototipo de su *teletrófono* que funcionaba razonablemente bien. Lo enseñó a amigos y posibles inversores, pero parece que sin mucho éxito.

Finalmente, en 1850 pudo entrar en Estados Unidos, lo que tampoco le ayudó mucho en su precaria situación económica, forzada, además, por las ayudas a otros emigrantes italianos, seguidores también de Garibaldi, y los envíos de dinero a Italia en apoyo de la causa. Un hecho que, sea dicho de paso, es aprovechado por algunos de los defensores de Bell para argumentar que los seguidores de Meucci se dejaban llevar por su nacionalismo, en vez de mirar objetivamente los hechos.

Hacia 1861 o 1862, en un periódico italiano de Nueva York lee una noticia sobre otro precursor del teléfono, Innocenzo Manzetti, y escribe al periódico para dar noticia de su propio invento. Su carta se publica, pero no produce ningún resultado significativo. Aconsejado por un abogado y por el cónsul italiano en Nueva York, en 1871, finalmente decide patentar su invento, pero se da cuenta de que no tiene recursos suficientes para hacerlo. Por ello, opta por el aviso de patente, que renueva solo en 1872 y 1873, porque en 1874 ya no tiene los 10 dólares necesarios. Entre las personas que tuvieron acceso a este aviso estaba un vicepresidente de la Western Union, quien seguramente la entregó a algunos de sus técnicos para que lo examinaran. De hecho, Meucci deseaba que hicieran pruebas de su invento, pero parece que los papeles fueron a parar al fondo de un cajón, donde estuvieron unos dos años, hasta que Meucci los reclamó. Algunas fuentes aseguran que posiblemente Bell y Grey habrían tenido acceso a esta documentación depositada en la Western Union, pero no se ha podido probar de forma fehaciente.

También en 1871, Meucci resultó herido grave en la explosión de la caldera de un barco de pasajeros y, para pagar los gastos de hospitalización, su mujer tuvo que vender, a una tienda que mercadeaba con objetos de segunda mano, los prototipos de los teléfonos que había realizado. Seguramente, entre estos estaban los que comunicaban su habitación, situada en el primer piso de su casa, con su taller, en la planta baja. Esta instalación, que servía para comunicar la pareja, ya que ella tenía graves problemas de movilidad, fue el primer teléfono funcional de la historia. Tampoco se sabe a dónde fueron a parar los teléfonos de Meucci.

1878 es el año de la demanda judicial de la Bell contra la Western Union Speaking Company, un pleito que acaba al año siguiente con un acuerdo extrajudicial, mediante el cual la Western vende a la Bell su negocio de teléfonos y, a cambio, recibe un veinte por ciento de los alquileres de los terminales y de los royalties generados durante 17 años. En 1885, probablemente a instancias de un grupo de inversores que querían entrar en el negocio de la telefonía, el Departamento de Justicia de Estados Unidos inició un procedimiento por fraude contra la patente de Bell, dado que "había evidencias suficientes para dar la prioridad de la invención del teléfono a Meucci", pero una comisión del Congreso dictaminó, en 1886, que no era procedente y el Departamento de Justicia tuvo que abandonar la causa. Meucci murió, en la más absoluta miseria, tres años después, en 1889.

Aun así, la historia no se acabó aquí, porque en 2002, el Congreso norteamericano reabrió el caso y acabo resolviendo que la vida y los éxitos de Antonio Meucci tenían que ser reconocidos, así como su trabajo en la invención del teléfono. Unos términos ciertamente tímidos para una resolución que algunos medios interpretaron –posiblemente de forma excesiva– en el sentido que el Congreso otorgaba el reconocimiento de la invención del teléfono a Meucci, en detrimento de Bell. En cualquier caso, la controversia sigue y es fácil encontrar sitios de internet que defienden cada una de las tres opciones y atacan las otras dos. Lo que está claro es que Bell dispuso de abogados más habilidosos y mucho mejor conectados que los demás. Gracias a esto y a la ayuda de los inversores necesarios, fue capaz de crear toda la gran industria del teléfono, montada sobre una invención de autoría más que dudosa y demandas judiciales a todo el mundo que osara ir contracorriente.

4. El Strowger Automatic Telephone Exchange

La empresa que había fundado Almon Strowger tampoco se salvó de los afanes litigantes de la Bell Telephone Company, dado que cada instalación de uno de sus sistemas iba acompañada de la demanda correspondiente, que tenía por objetivo incomodar tanto a la empresa como a sus posibles abonados. Esta estrategia también fue adoptada, años después, por la Asociación Americana de Fabricantes de Automóviles, contra la Ford y sus clientes. La Asociación pretendía tener la exclusividad en la fabricación de coches, gracias a una patente, registrada por un abogado de patentes llamado Selden, y no quería que los coches dejaran de ser un signo de distinción y estatus como pretendía Ford con su intención de hacer coches baratos y al alcance de todo el mundo. Ford aguantó los envites de esta demanda e, incluso, ofrecía a sus posibles clientes un seguro contra las demandas de la Asociación. Los abogados de Ford pudieron ganar, en última instancia, gracias a detalles técnicos de la patente.

Vista de una central telefónica, hacia 1892

Fuente: http://www.lifeinitaly.com

Las demandas de Bell contra Strowger no consiguieron frenar la expansión de su empresa, pero tuvieron un efecto notable en el ritmo de ventas. Al final, la Bell no se salió con la suya y el sistema automático siguió expandiéndose. Incluso se abrieron sucursales en Europa y la primera instalación entró en funcionamiento en Ámsterdam en 1898, y la segunda en Berlín, al año siguiente. Lo cierto es que el crecimiento exponencial de los abonados al teléfono estaba a punto de colapsar el sistema basado en operadores humanos, dado que el aumento de los gastos de explotación no quedaba compensado por el crecimiento de abonados, que aumentaba la complejidad de las instalaciones y requería un mayor número de operadoras, que tenían más difícil su trabajo a causa de las dificultades inherentes a este aumento de la complejidad. No resulta difícil entender que no es lo mismo que una única persona controle un tablero con cien abonados, que tener que coordinar decenas de tableros, cada uno con su correspondiente operadora. Dicho de otro modo, el sistema estaba esperando a alguien que resolviera este problema y la solución que propugnaba Strowger resultó la más fiable y la más escalable, lo que dificultaba que alguien, ni siquiera la propia Bell, pudiera mejorarla de forma significativa.

A este escenario, hay que añadir que Strowger estaba agotado por las demandas de la Bell, hasta el punto que, en 1898, vendió su patente a la Bell por unos 1.800 dólares y su participación en la empresa por unos 10.000. En 1916 la Bell acabó licenciando la invención de Strowger por unos dos millones y medio de dólares, hecho que no requiere más comentarios. Almon Strowger había muerto en 1902, lo que le ahorró el disgusto de asistir a esta operación. Aun así y, a diferencia de Meucci, cuando murió disfrutaba de una posición económica saneada y confortable.

En definitiva, la invención del sistema automático no se debe ni a Bell ni a ningún técnico de su empresa, sino que al contrario, su verdadero inventor, Almon B. Strowger, tuvo que resistir sus envites y fue gracias a su actitud y obstinación que desarrolló la comercialización de su invento, hasta que a la Bell no le quedó más remedio que comprarlo, seguramente porque no lo podía mejorar. Y todo había empezado porque una telefonista desviaba a la competencia las llamadas que le iban dirigidas. Es decir, por la búsqueda de un mecanismo destinado a evitar la intervención humana y, así, eliminar errores humanos, esta vez intencionados.

Segunda parte

No hay solución sin problemas

Machines take me by surprise with great frequency.

Alan Turing

Ordenadores personales: Antes de que el estúpido gobierno pueda hacer nada

1. No hay solución que no plantee problemas

Los conmutadores de Strowger, como el lavavajillas de Cochrane, o los inventos de Babbage y Llull, trataban de resolver errores humanos individuales, intencionados o no. Pero, como sucede a menudo en la tecnología (y en tantos otros ámbitos, como la política), no hay solución que no plantee problemas y, en el caso de las centrales automáticas de teléfonos, los problemas se manifestaron muy pronto, esta vez también gracias a los errores de unos y los aciertos de otros, a pesar de ellos, unos y otros. Todo ello ha tenido un impacto esencial en la forma y la función de uno de los enseres tecnológicos más emblemáticos de nuestros tiempos, como son los ordenadores personales, instrumentos que han puesto al alcance de todo el mundo una tecnología que, en sus inicios, solo estaba pensada para los gobiernos y las grandes corporaciones.

Una vez comprada la patente de Strowger, la Bell Telephone Company empezó a automatizar primero las centrales de su red y, luego, las centrales de centrales, es decir, las que permitían conectar a abonados de distintas centrales. A grandes rasgos, el asunto funcionaba así: los primeros usuarios de teléfono necesitaban tener una línea dedicada que conectara los teléfonos directamente y solo podían hablar con los que tuvieran una conexión directa establecida entre sus terminales. Pronto quedó claro que este sistema no era viable y optaron por conectar todos los abonados a una central en la que, a requerimiento de los usuarios, se producía la conexión cuando dos abonados querían hablar. Este procedimiento fue bautizado con el ufano nombre de "conmutación de circuitos": para cada conversación, a través de los conmutadores de la central, se montaba un circuito que servía para establecer la comunicación. Una vez finalizada la conversación, el circuito específico quedaba desmontado y a disposición de los otros abonados. Para conectar abonados de centrales diferentes optaron por diseñar un sistema parecido, es decir, conectar las centrales de una zona a una central de centrales, y así sucesivamente. Para poder hacer una llamada entre distintas centrales –es decir, de larga distancia– las operadoras tenían que ir de nodo a nodo, desde su central hasta la del destinatario, para poder establecer la comunicación.

Automatizar este procedimiento requería mucho más que un simple conmutador y los ingenieros de la Bell se pusieron manos a la obra en un proyecto que se desarrolló a lo largo de más de treinta años. El resultado final fue una red global de teléfonos conectados a otra red de centrales jerarquizadas, con un sistema regido por un lenguaje de comandos codificados de una forma muy particular, con tonos de multifrecuencias: los números de teléfonos estaban codificados con estos tonos y las instrucciones entre centrales, también. Parecía que, para ponerse de acuerdo en lo que tenían que hacer, las máquinas que formaban parte de estos nodos se cantaran las unas a las otras una sinfonía continuada de tonos, entre los cuales destacaba el de 2.600 hertzs, es decir, 2.600 ciclos por segundo, que servía para indicar que la línea que lo emitía estaba disponible.

De este modo, y posiblemente sin saberlo, la Bell creó el primer gran ordenador –eso sí, electromecánico–que haya existido nunca, formado esencialmente por relés que movían conexiones mecánicas, cuyos terminales eran los teléfonos de los usuarios. Este sistema tenía, necesariamente, dos partes muy diferenciadas: una pública, para que pudiera dar el servicio para el que había sido construido, es decir, permitir la comunicación entre usuarios; y otra preferiblemente privada, que se encargaba de la gestión de todo el sistema.

Por otro lado, no había mucho donde elegir: los comandos de control y gestión tenían que circular por los mismos hilos por los que circulaban las conversaciones entre abonados. En caso contrario, sería necesario desplegar una red paralela para la gestión del sistema, lo que suponía, en aquellos momentos, unos gastos inasequibles. Las conversaciones iban entre comandos, es decir, primero los comandos que servían para establecer la comunicación y, finalizada la conversación, los comandos de control que indicaban que la línea había quedado libre y que, por consiguiente, el circuito correspondiente estaba disponible. Las frecuencias elegidas para los comandos tenían que ser, obviamente, frecuencias no naturales en los sonidos asociados a la voz humana. De este modo, los mismos hilos podían ser las pistas por donde pasaban las conversaciones de los usuarios y los comandos de control y gestión del sistema, los cuales, obviamente, más valía guardar en secreto.

Esta situación era muy peligrosa, ya que, al final, puso en manos del público los detalles y las interioridades de buena parte del sistema, una posibilidad que no era nada deseable –especialmente para la Bell– pero que tuvo consecuencias importantes. El descubrimiento de estos códigos y el modo de diseñarlos generó una comunidad de curiosos que ardían en deseos de explorar y, a menudo, explotar todos –absolutamente todos– los secretos y todas las posibilidades del sistema, hasta el punto que llegaron a descubrir opciones que ni los mismos ingenieros de la Bell habían llegado a sospechar que existían, un hecho que generó muchos quebraderos de cabeza a la compañía telefónica. Por añadidura, algunos miembros de esta comunidad, en sintonía con algunos de los movimientos contra el sistema de aquellos años –el final de la década de los sesenta– acabaron dando forma y contenido a los ordenadores personales, que, en sus manos, eran esencialmente herramientas contraculturales al servicio de los que no estaban de acuerdo con el statu quo. Para estos movimientos, especialmente para el Young International Party Line, tomarle el pelo a la compañía telefónica era una de las formas de luchar contra la guerra del Vietnam.

2. El secreto de las pequeñas cajas azules

Hacia 1925 la Bell se había convertido en una gran corporación, con la American Telephone and Telegraph (AT&T) como empresa matriz, que, además, comercializaba las llamadas de larga distancia. El fabricante y proveedor de los equipos necesarios –terminales y toda la parafernalia necesaria para las centrales– era Western Electric. Las llamadas locales eran gestionadas por más de una docena de compañías regionales, distribuidas por la geografía de Estados Unidos. Y luego estaba la joya de la corona, la división de innovación e investigación: los Bell Laboratories, de donde han salido siete premios Nóbel y se han cocido inventos como el transistor, el láser, la Teoría de la Información o el sistema operativo UNIX, que sería la base del sistema GNU-Linux, es decir, la materialización del software libre.

Los Laboratories funcionaban como una genuina institución de investigación, incluso publicaban una revista de circulación abierta – Bell System Technical Journal– donde daban a conocer al público interesado los adelantos y las innovaciones de sus investigadores, en el más puro estilo de la publicación de resultados de la investigación científica. De los Labs salieron la mayoría de las innovaciones necesarias para el despliegue de la red global de teléfonos, incluyendo la estructura de gobierno de esta red. Esta estructura de gobierno pronto demostró su debilidad; dan fe de ello los titulares de periódicos, que aseguraban cosas como "Un adolescente usa una guitarra eléctrica para llamar a Tokio".[13]

El adolescente en cuestión no era ni el primero ni el más espectacular de entre los que habían empezado a descifrar los secretos de la red telefónica. La tendencia había empezado ya en 1955, con el descubrimiento de un silbato que reproducía exactamente el tono necesario para conseguir llamar gratis, lo que, en aquel momento, requería la ayuda involuntaria

13. Orth, M. (1971, 31 de octubre). «For Whom Ma Bell Tolls Not». *Los Angeles Times*. Disponible en http://explodingthephone.com/hoppdocs/orth1971.pdf. Consultado el 13 de septiembre de 2013.

de las operadoras de larga distancia. Pero a medida que el sistema fue haciéndose más complejo y fue posible prescindir de las operadoras, los descifradores –llamados phone *phreakers*– fueron aumentando en sabiduría y, por consiguiente, también aumentó la vulnerabilidad del sistema. Este aspecto lo describe muy bien uno de los *phreakers* más conocidos, Al Gilbertson, cuando asegura que "cuanto más crecía la compañía telefónica, cuanto más dejaba de emplear a operadores humanos, más vulnerable se hacía".[14]

Central telefónica operada por chicos hacia 1877

Fuente: The Telecommunications History Group, Inc.

Uno de los primeros "sabios" había sido otro adolescente, ciego de nacimiento, que tenía un oído lo suficientemente fino para poder silbar exactamente a 2.600 Hz y así poder

14 Rosenbaum, R. (1971, octubre). «Secrets of the Little Blue Box». *Esquire*. Disponible en http://ebookbrowsee.net/esquire-magazine-october-1971-secrets-of-the-little-blue-box-pdf-d355531716. Consultado el 15 de septiembre de 2013.

engañar los sistemas de control de la red. Detrás de él vinieron estudiantes universitarios y una multitud de curiosos fascinados por la magia del sistema. Para muchos de ellos, la posibilidad de hacer lo que les diera la gana con el sistema telefónico era, por encima de cualquier otra cosa, un reto intelectual. De hecho, la fascinación que ejercía el teléfono sobre los adolescentes había empezado a manifestarse desde el primer momento de su implantación: los primeros operadores de las centrales telefónicas eran precisamente adolescentes que no podían evitar hacer diabluras con los hilos y las conexiones del sistema, lo que había obligado a cambiar el perfil de esos operadores. En cualquier caso, parece que todo se conjuraba en contra de la compañía telefónica. Quizá el caso más llamativo fue el de un silbato que se vendía con cada paquete de una marca de cereales. Tapando uno de los agujeros, la frecuencia del sonido que emitía era exactamente de 2.600 Hz, lo que indicaba que la línea estaba disponible y también servía para desconectarla. Algunas versiones de la historia dicen que se dieron cuenta al ver que las conversaciones telefónicas quedaban interrumpidas cuando alguien usaba el silbato de este modo cerca de un teléfono, pero lo que es seguro es que había un puñado de gente que ya conocía las virtudes de esta frecuencia.

El departamento de seguridad de la Bell había ido gestionando como podía los casos de *phreaking* que iban surgiendo, pero procuraban mantenerlos en secreto, ya que aunque, por un lado, hacía falta escarmentar públicamente a los *phreakers* para evitar que el fenómeno fuera en aumento, también es cierto que la publicidad podía inspirar a otros seguidores. Por ejemplo, en 1962, pasó desapercibida la noticia de que varios estudiantes del Massachussets Institute of Technology (MIT) y de la Universidad de Harvard habían sido pillados usando un dispositivo electrónico –llamado *blue box*– para llamar gratis por teléfono. Los estudiantes fueron amonestados y obligados a entregar todo el material que habían empleado para construir la *blue box*. Los investigadores de la Bell quedaron sobrecogidos al descubrir, justo en aquel momento, que la base de este material era un artículo que había aparecido en la revista de la compañía,[15] en la que, aparte de las frecuencias de control, incluso había esquemas que mostraban como hacer osciladores para reproducirlas. Cuando se hicieron públicos estos códigos, la tecnología necesaria para crearlos estaba al alcance de cualquier niño de doce años que supiera usar un soldador de estaño. Como fuente de información los *phreakers* también disponían de los manuales técnicos de la Bell que iban a parar a la basura sin ser destruidos.

Por otro lado, en el MIT, y desde la década de los cincuenta, existía un club de aficionados a los trenes eléctricos, el Train Model Railroad Club (TMRC), que habían construido y gestionaban una sofisticada (y mítica) maqueta de tren eléctrico. Para su funcionamiento, empleaban conmutadores "inspirados" en los del sistema telefónico, de modo que seleccionaban el tren que se había de controlar mediante un disco telefónico, lo que, sea dicho de paso, no es de extrañar si se tiene en cuenta que, en aquel momento, una de las fuentes de tecnología sofisticada a la que el público podía acceder –aparentemente de forma limitada– procedía precisamente del sistema telefónico. Incluso el club había recibido donaciones

15 Breen, C. y C.A. Dahlbom (1960). «Signaling Systems for the Control of Telephone Switching». *Bell System Technical Journal*, 39 p. 1381-1444. Disponible en http://www.historyofphonephreaking.org/docs/breen1960.pdf. Consultado el 16 de septiembre de 2013.

de material telefónico por parte de la propia Bell. El TMRC es el lugar emblemático de donde salió el término *hacker* aplicado al mundo informático. De hecho, un *hack* es una solución ingeniosa a un problema, realizada con pocos recursos. El término *hacker* fue pervertido y criminalizado años más tarde, a partir de un fallo técnico del sistema telefónico, que fue empleado como excusa para iniciar una gran cacería de *phreakers* y *hackers*.

De hecho, en el MIT existía la tradición, que todavía hoy se mantiene, de hacer travesuras (*pranks*) que han de obedecer a ciertas reglas, como originalidad, dificultad en su ejecución y no producir daños, entre otros. Estas travesuras reciben el nombre de *hacks* e incluyen bromas como poner un coche encima de la cúpula del edificio del rectorado del MIT sin que nadie se dé cuenta y sin que nadie, excepto los que lo han hecho, pueda encontrar fácilmente una explicación a cómo lo han hecho. En aquellos años, la maqueta del tren del TMRC estaba ubicada en el sótano del edificio que acogía el departamento de informática del MIT y era el lugar que empleaban los usuarios de los ordenadores para relajarse y pasar los intervalos de espera asociados a su uso. Hay que tener en cuenta que en aquel tiempo, los ordenadores eran máquinas grandes que atendían a muchos usuarios; por consiguiente su uso comportaba que estos tuvieran que ir esperando a que les tocara, a veces a horas intempestivas. Pronto en aquel modelo de tren empezaron a convivir, posiblemente por primera vez, la tecnología de los teléfonos y la de los ordenadores, gracias a los componentes aprovechables de las placas descartadas por las averías frecuentes del ordenador. Venía a ser como acercar gasolina a alguien que tenía una cerilla encendida. Unos años más tarde, hacia el final de la década de los sesenta, pude vivir esta experiencia de reciclar componentes de placas de ordenador averiadas, ya que estudié el bachillerato técnico en electrónica en un centro donde había un ordenador de la época. A menudo íbamos a rebuscar en la basura del lugar donde estaba ubicado el ordenador para conseguir este tipo de placas. Aunque nosotros las usábamos para fines más modestos: radios y equipos de música.

El TMRC no era el único club que agrupaba a personas interesadas en las posibilidades de la electrónica; por toda la geografía de Estados Unidos habían aparecido otros clubes con intereses similares, como los radioaficionados o los aficionados a la electrónica en general: aparatos reproductores de música estéreos y otros aparatos electrónicos, como la televisión. Estos clubes, al estar dedicados a actividades no clandestinas, como lo eran necesariamente las de los *phreakers*, disponían de sus propios medios públicos de comunicación y de intercambio, como las revistas *Popular Electronics* y *Radio-Electronics*, a través de las cuales, además de conseguir la información necesaria para construir y refinar sus aparatos, también podían obtener los componentes electrónicos necesarios para sus experimentos. Esta posibilidad era especialmente interesante para aquellos aficionados que vivían en lugares aislados y donde era difícil obtener este tipo de materiales. Cada ejemplar de las revistas contenía un proyecto para construir un aparato, y el material necesario para ejecutarlo se podía comprar por correo a través de la revista. De hecho, los primeros ordenadores personales que existieron –microordenadores, como se llamaban en aquel momento– fueron distribuidos por estas revistas bajo la forma de uno de estos proyectos, y los kits correspondientes, con las piezas que los mismos usuarios tenían que soldar y montar, podían adquirirse por correo.

Mientras tanto, los servicios de seguridad de la Bell iban capeando el temporal de los *phreakers* como podían, dado que, al fin y al cabo, si los seguidores no aumentaban, las pérdidas para la compañía tampoco eran tan considerables. Por el contrario, si la tendencia se generalizaba, entonces habría que cambiar un sistema cuyo despliegue había costado más de treinta años, con unos costes inasequibles. Dicho de otro modo, tenían entre manos un gigante con pies de barro y la única solución que tenían, de momento, era que no se diera cuenta demasiada gente. Pero esta estrategia quedó desmontada cuando, en octubre de 1971, la revista *Esquire* publicaba el artículo de Ron Rosebaum, "Secrets of the Little Blue Box"[16], con una descripción detallada del mundo de los *phreakers*: quién eran, qué podían hacer y cómo podían hacerlo.

3. El mundo en sus manos

El artículo se difundió rápidamente, y fueron muchos los que, a partir de su contenido, empezaron a construir cajas azules – *blue boxes*– y a explorar el sistema telefónico. Todo esto sin menospreciar el espectacular ridículo que significaba para el gigante telefónico que una docena escasa de adolescentes

16 Rosenbaum, R. (1971, octubre). «Secrets of the Little Blue Box». *Esquire.*

indocumentados pudieran entrar –más bien impunemente– en las tripas del sistema para hacer lo que les viniera en gana. Por consiguiente, también quedaba deshilachada la estrategia de no dar a conocer que les preocupaban sus actividades, lo que, sea dicho de paso, también propició que el departamento de seguridad no tuviera miramientos con los *phreakers* y significó el principio de su fin, que aún se demoró algunos años.

Entre los que leyeron asombrados el artículo de Rosenbaum estaba Steve Wozniak, uno de los fundadores de Apple Computer, a quien no le faltó tiempo para llamar por teléfono al otro Steve, Jobs, quien entendió de inmediato las posibilidades de negocio que tenía el invento. Así empezaron su primera aventura comercial: Wozniak montaba las *blue boxes* y Jobs las vendía. Curiosamente, en aquel momento, en California no era ilegal tener o hacer *blue boxes*, solo lo era usarlas. La historia de los ordenadores personales y de la informática hubiera sido otra si un policía, que les pilló usando una de estas cajas en una cabina telefónica, no les hubiera soltado, al parecer porque no conocía aquellos aparatos y quedó convencido con la explicación que le dieron: aquella cajita era un sintetizador de música electrónica, con el botón de los 2.600 Hz como tono para afinar. Wozniak posiblemente llegó a construir unas trescientas cajas azules y parece que buena parte de la clientela, gracias a los buenos oficios de Jobs, eran personajes de Hollywood. Así lo corroboran varios informes del FBI, que especifican que muchas de las cajas intervenidas en aquel lugar llevaban la inscripción "Tienes el mundo en tus manos", que Wozniak utilizaba para firmar sus obras. Era un sentido del humor muy peligroso, que habría tenido graves consecuencias para la pareja si alguien hubiera unido los puntos entre la obra y su autor.

Una de las blue boxes de Steve Wozniak

Fuente: computerhistory.org

En definitiva, era prácticamente inevitable la convergencia entre radioaficionados y, más en general, aficionados a la electrónica, por un lado, y *phreakers*, por el otro. También era inevitable que todos esos aficionados (*hobbysts*, en inglés) empezaran a mirar con interés, dedicación y aprovechamiento la incipiente tecnología de los ordenadores, es decir –chips y microchips– de modo que pasaron a convertirse en clubes de aficionados a los ordenadores. Sus miembros empezaron a hacer sus primeras incursiones en la construcción de ordenadores muy primitivos, pero que podían ser programados –a menudo con soldador– para realizar tareas concretas. Asistían a las reuniones de estos clubes con sus montajes –que no eran nada más que *hacks*– con el objetivo de exhibir su maestría y sorprender a los demás miembros.

Y, evidentemente, las revistas de electrónica estaban involucradas en este escenario, y cuando vieron hacia donde se dirigían los intereses de su público, y para poder sobrevivir, no tuvieron otro remedio que optar por ayudarles en sus obsesiones. Así, en julio de 1974, el artículo central de la revista Radio-Electronics llevaba por título "Construye Mark-8. Tu microordenador personal". La respuesta de la revista rival, *Popular Electronics*, no se hizo esperar y la portada del número de enero de 1975 anuncia el Altair 8800, considerado por muchos el primer ordenador personal de la historia. En ambos casos, los lectores podían comprar por correo los kits correspondientes para montar su propio ordenador a un precio asequible: poco menos de cuatrocientos dólares en el caso del Altair.

Tanto Mark-8 como Altair 8800 distaban mucho de ser lo que hoy entendemos por ordenadores personales: eran kits que los usuarios tenían que montar y soldar ellos mismos y, al final, lo que tenían era básicamente una caja rectangular con interruptores y lucecitas en la parte frontal. Programarlos significaba realizar combinaciones con los interruptores y las luces daban los resultados. Aun así, vale la pena mencionar que fue de un club de usuarios de Mark-8, ubicado en Denver, de donde salió el método para almacenar programas en una cinta de casete o, que, por ejemplo, el proyecto de la revista *Radio-Electronics* de septiembre de 1973 era el llamado TV-Typewriter, un dispositivo que permitía mostrar caracteres alfanuméricos en una pantalla de televisión, en lo que sería un claro precursor del principal sistema de entrada y salida que todavía emplean los ordenadores.

Portada de la revista Popular Electronics de enero de 1975

Fuente: Wikimedia Commons

El Altair 8800 no fue el primer microordenador, pero tenía algunas características que lo posicionaron como el más popular. Entre estas, no era menor el hecho de que tenía muchas posibilidades de expansión, es decir, que se podían hacer añadidos al gusto de los aficionados. Su éxito superó las expectativas más optimistas: hubo días en que la demanda superaba con creces las ventas que los fabricantes habían previsto para todo el año. En este punto ha de decirse que no todo fue positivo, es decir, no todo era antisistema: el Altair 8800 fue también la primera máquina para la que dos avispados pusieron a la venta, en una cinta de papel perforada, un software específico: el Altair-BASIC. Los dos espabilados en cuestión eran Bill Gates y Paul Allen y la compañía que lo vendía se llamaba Micro-Soft (sic). No deja de ser tierna la carta abierta[17] que Bill Gates dirigió, en 1976, a los aficionados para quejarse de que estos, como era natural en aquel momento, en vez de comprar su software, se pasaran copias entre ellos. En esta carta Gates indica que si no pagan por el software, difícilmente podrán contratar nuevos programadores para que diseñen más programas y así poder "inundar el mercado con buen software". Sea dicho de paso, no sabría decir si los acontecimientos posteriores desmienten o confirman esta última pretensión.

Por otro lado, entre todos los clubes de aficionados de la época, destaca uno que se reunía en un edificio de la Universidad de Stanford, en Palo Alto, en el corazón del Silicon Valley, llamado Homebrew Computer Club –algo así como club de los ordenadores caseros– y entre quienes asistían a las reuniones destacan dos Steve: Wozniak y Jobs, quienes extrajeron de estas reuniones la inspiración necesaria para empezar lo que después se convertiría en Apple Computer, quien sabe si con los beneficios de la fabricación y la venta de cajas azules como parte del capital inicial. El propio Steve Jobs aseguraba que, sin las blue boxes, posiblemente Apple no hubiera llegado a existir.

En resumen, a pesar de que es obvio que es difícil atribuir un invento a una sola persona o grupo, fuera el que fuera, no hay duda de que no sería osado apuntar a la sede de los diseñadores de Altair 8800 para indicar el lugar que marca el nacimiento de los ordenadores personales: una pequeña tienda de modelos de cohetes teledirigidos por radio y

---

17 *An Open Letter to Hobbysts*. Accesible en http://i.imgur.com/num6x.jpg. Consultado el 18 de septiembre de 2013.

de componentes electrónicos para aficionados situada en Alburquerque, Nuevo México. Anteriormente, se habían producido otros intentos similares, como el Kenbak-1, hacia 1971, o el mismo Mark-8, pero el Altair 8800 fue el primero capaz de hacer converger los componentes sociales y técnicos de los ordenadores personales: esta es la gran aportación de la Altair y del grupo que lo diseñó y puso a la venta.

Llegados a este punto, vale la pena recordar que la aparición estelar de la Altair respondía a la necesidad urgente de los editores de la revista Popular Electronics de ofrecer una réplica a Mark-8. De lo contrario, no está nada claro cuáles habrían sido las posibilidades de lograr el amplio eco que tuvo su aparición en la portada de la revista. Este hecho, más algunas de las características técnicas del Altair, parecen conjurarse para convertir su aparición en uno de los milagros que Hannah Arendt describe como novedades que pasan "contra las agobiantes posibilidades de las leyes estadísticas y su probabilidad", es decir, contra lo que, a falta de otra información, acostumbramos a aceptar como curso natural de los acontecimientos.

Después vienen las explicaciones más o menos convenientes y convincentes que dotan a la historia de contenido, y desde este punto de vista, es fácil de entender que David Bunnell, el vicepresidente de comunicación de la empresa que diseñó, fabricó y vendió los Altair, asegurara que su objetivo era "poner los ordenadores al alcance de millones de personas y hacerlo tan rápidamente que el estúpido gobierno de Estados Unidos no pudiera hacer nada". El detonante, siempre según esta versión, habría sido un rumor relativo al hecho de que el Congreso estaba a punto de aprobar una ley que requería una licencia específica para poder programar un ordenador y, para atenuar, dentro de lo posible, los efectos de una ley como esta se propusieron "que hubiera una partida de centenares de ordenadores en manos de la gente, antes de que esta peligrosa idea se convirtiera en ley. De lo contrario, 1984 habría sido realmente como *1984*".

Esta referencia a *1984*, la novela de Orwell, es posterior al mítico anuncio de televisión[18] sobre el lanzamiento de los ordenadores Macintosh de Apple, dirigido por Ray Bradbury y emitido una sola vez en el descanso de la SuperBowl del año 1984: en un mundo gris, dominado por una gran pantalla de televisión a través de la cual el Gran Hermano alecciona a la multitud, también gris, la única nota de color la proporciona una atleta que consigue huir de la policía que la persigue y destruir la pantalla, acallando así al Gran Hermano. Tras la explosión de la pantalla, una voz lee el texto: "El día 24 de enero Apple Computer presentará el Macintosh y entonces se verá porque 1984 no será como 1984". Lo cierto es que, aparte de IBM, el gran hermano azul del momento, había otros muchos candidatos para desempeñar el papel de Gran Hermano, como el Gobierno y, también, Bell o, mejor dicho, AT&T. Difícilmente podría nadie llegar a imaginar que, con el paso del tiempo, lo que estos pioneros consideraban una herramienta antisistema, acabara convirtiéndose en la herramienta más poderosa que ninguna institución haya tenido nunca a su alcance para controlar a la ciudadanía. Está claro que para este control todavía faltaba la aparición estelar de internet. La combinación de ambos inventos es lo que cambia de forma radical el escenario: de liberar al público del control

18 Disponible en http://www.youtube.com/watch?v=vtvjbmodx-i. Consultado el 19 de septiembre de 2013.

de gobiernos y grandes corporaciones a la sofisticada y nada sutil herramienta de control que nos acerca a un escenario posiblemente más terrible que el que Orwell describe en su novela. Y es que la tecnología acostumbra a sublevarse –a menudo de forma sanguinaria– contra sus creadores o, cuando menos, contra los objetivos primigenios de sus creadores.

4. La imaginación como límite

La historia de la invención de los ordenadores personales es, en definitiva, la historia de un grupo de aficionados que consiguieron abrir al gran público unas tecnologías que habían sido pensadas, diseñadas y desarrolladas para fines muy diferentes. Ninguna de las grandes empresas involucradas en la construcción de ordenadores había tenido en cuenta el enorme potencial que tenían los aficionados a la electrónica, por lo que no fue hasta 1981, seis años después de la aparición del Altair, que IBM lanza su primer ordenador dirigido al público doméstico con el nombre que llegaría a ser de uso habitual para describir estas máquinas: ordenadores personales. Está claro, por otro lado, que los aficionados que inventaron los ordenadores personales se aprovecharon de los desarrollos tecnológicos provenientes de estas grandes empresas. Así, por ejemplo, los transistores salen de los Bell Laboratories, en el camino de encontrar sustitutos para los conmutadores mecánicos y los relés. Pronto se dieron cuenta que los transistores también podían sustituir las válvulas de vacío, lo que significaba reducir notablemente el consumo y la disipación de energía de los circuitos electrónicos. Luego, vinieron los chips y los circuitos integrados.

Por cierto, es remarcable que la invención del chip tuviera lugar, según confesaba su protagonista, durante las vacaciones, eso sí, las vacaciones de los demás. Jack Kilby entró a trabajar en Texas Instruments el mes de abril de 1958. Desde 1947, año en que se graduó en la Universidad de Illinois, había estado trabajando en otra empresa, también del sector electrónico. Aquel año, la mayoría de investigadores de la Texas tomaron las vacaciones de verano durante el mes de julio y el recién llegado se quedó prácticamente solo por los pasillos y despachos de la empresa, lo que le proporcionó mucho tiempo libre: no tenía con quién reunirse, ni discutir, ni siquiera tomar un café. Kilby aprovechó el tiempo para reflexionar sobre uno de los problemas más importantes que tenía por aquel entonces la industria electrónica: el de las limitaciones físicas en el número de componentes que se podían conectar en una placa de circuito impreso.

Cabe decir que las cosas habían cambiado muchísimo en los once años que habían pasado desde la graduación de Kilby, que coincidió con el año de la invención del transistor. La sustitución de las válvulas de vacío por transistores había permitido reducir considerablemente el tamaño y disminuir el calor que emitían los equipos electrónicos, pero las reducciones conseguidas no eran suficientes y había que encontrar una salida al problema. La tranquilidad que le proporcionaron las vacaciones de los demás investigadores de Texas Instruments en julio de 1958 fue providencial para ayudar a Kilby a encontrar la solución, que ha sido considerada una de las innovaciones tecnológicas más importantes de la historia de la humanidad y que hoy se ha convertido en omnipresente, ya que resulta prácticamente imposible encontrar un aparato electrónico que no incorpore un chip: la solución de Kilby, que también fue descubierta, pocos meses más tarde, por otro investigador, Robert Noyce.

Una imagen de la patente de Kilby

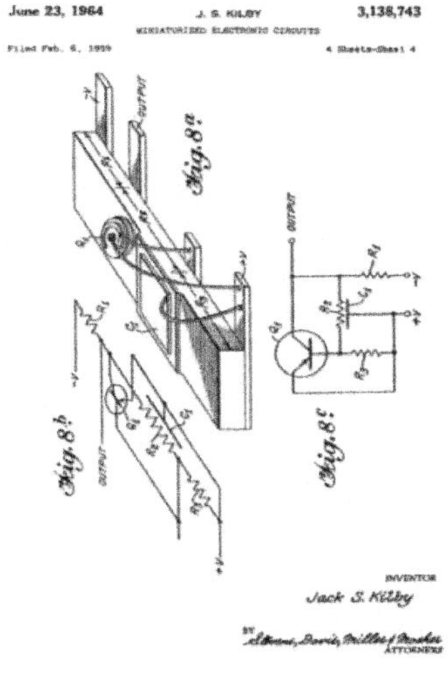

Fuente: US Patent Office

En el año 2000, la Academia de Ciencias sueca finalmente decidió reconocer la importancia que para la sociedad actual tienen los chips de Kilby y Noyce, y otorgó a Kilby el premio Nóbel (Noyce había muerto en 1990). La concesión del Nóbel a Kilby fue también una buena excusa para recordar los apasionantes años para el desarrollo de la electrónica que fueron los que van de 1947 a 1971, año en que se comercializó el primer microprocesador. Entre esos años se sitúa, en 1961, la aparición de la primera calculadora de bolsillo, diseñada en Texas Instruments por un equipo liderado por el propio Kilby. Cómo ha sucedido otras muchas veces, el objetivo que perseguía la empresa no era que todos llegáramos a olvidar las tablas de multiplicar, como finalmente ha ocurrido, sino que se trataba de hacer un producto que mostrara las posibilidades que tenían los circuitos integrados de Kilby.

Por su parte, Noyce y Moore habían fundado una empresa de riesgo, basada en las posibilidades de los chips de Noyce, denominada Intel. También existieron conflictos entre las empresas de Kilby y Noyce: pleitearon durante mucho tiempo para conseguir la patente exclusiva de los chips, hasta que la razón se impuso y optaron por intercambiar los detalles de sus respectivas patentes, lo que les permitió aprovechar a cada uno las ventajas del otro. De todas maneras, es remarcable que la patente de Noyce fuera otorgada cuatro años antes que la de Kilby, especialmente si se tiene en cuenta que Kilby presentó la suya un mes y medio antes que la otra.

No deja de ser muy curioso que resulte difícil encontrar referencias en el expediente académico de Kilby y es que, ahora que la excelencia es una palabra que está en boca de todos, debe resultar políticamente incorrecto recordar que uno de los inventores del chip no obtuvo, en terminología de hoy, una nota de corte suficiente para poder entrar en el mítico MIT y tuvo que conformarse en ser un licenciado del montón en una universidad más de las que hay en Estados Unidos, lo que solo admite una lectura positiva. En resumidas cuentas, tal como argumentaba un viejo anuncio publicitario, si el café es bueno, la cafetera, a pesar de ser indispensable, no es esencial.

También fue en 1947 cuando se otorgó la primera patente de un ordenador electrónico, que venía a ser la materialización del sueño de Babbage, gracias precisamente a la tecnología electrónica y al impulso de las necesidades de la Segunda Guerra Mundial. Se dice que Prospert Eckert y John Mauchly, titulares de la patente y constructores del ordenador ENIAC, responsable de los cálculos que hicieron posible la bomba atómica, no tenían noticia de los trabajos de Babbage y que, por consiguiente, llegaron de forma independiente a los mismos principios que había llegado Babbage para su máquina analítica, un siglo antes, lo que resaltaría todavía más la visión del inventor inglés. Pero hay serias dudas de que fuera así, dado que hay referencias de aquellos años que indican que Babbage y sus máquinas eran suficientemente conocidos. Por otro lado, no puede olvidarse que ni uno ni otro, especialmente Mauchly, parece que –por decirlo de una manera suave– no eran demasiado proclives a mencionar los trabajos que los habían "inspirado", dado que en 1973 un juez determinó que la patente del ordenador electrónico que tenían Mauchly y Eckert no era válida y que la paternidad de este invento correspondía a un profesor de la universidad de Iowa, llamado John V. Atanasoff, quién lo había construido unos años antes –en 1939– con la colaboración de un alumno suyo llamado Clifford Berry.

Lo cierto es que, a principios del invierno de 1940, Mauchly asistió a una conferencia de Atanasoff y parece que quedó deslumbrado por sus ideas, de modo que consiguió que Atanasoff lo invitara a su laboratorio, visita que tuvo lugar a finales de la primavera siguiente. En esta visita, Mauchly acabó de entusiasmarse por la máquina de Atanasoff y Berry, la ABC (siglas de Atanasoff, Berry y Computer), y lo que allí aprendió fue –siempre según la sentencia del juez– crucial para el desarrollo posterior del ENIAC, a pesar de que había diferencias substanciales entre ambas máquinas. El caso de ABC contra ENIAC no ha sido el único, ni el primero, en el mundo de la tecnología, pero sí el más significativo de los que han acabado enfrentando a dos grandes corporaciones, puesto que la disputa sobre la validez de las patentes del ENIAC enfrentaba a Sperry Rand, por un lado y a Honeywell, del otro, a pesar de que es evidente que tanto Mauchly como Atanasoff fueron testigos clave en todo el proceso, que duró 12 años. También es un ejemplo claro, como el caso del teléfono y Meucci, de cómo el sistema de patentes solo favorece a aquellos que tienen el poder y que dan dinero para defender sus invenciones.

No, no es una central telefónica, es el ordenador ENIAC

Fuente: Uno. S. Army Photo

En cualquier caso, el ENIAC de Eckert y Mauchly también tenía que resolver problemas de cálculo, pero esta vez el origen de los problemas no eran los errores humanos, sino la necesidad de satisfacer la ingente cantidad de cálculos asociados a unos de los proyectos más terribles de la historia de la humanidad: el proyecto Manhattan, que tenía por objetivo la construcción de la bomba atómica y fue uno de los instrumentos esenciales que hizo posible uno de los mayores errores que haya cometido la humanidad hasta el momento. Tan terrible que, unos meses antes de que fuera lanzada la primera bomba, con los resultados de todos conocidos, el director de investigación científica del Gobierno americano, Vanevar Bush, quien seguro que conocía los detalles del proyecto, en un memorable artículo titulado "As We May Think"[19], algo así como 'la imaginación como límite', se preguntaba qué haría la humanidad con todos los conocimientos que había acumulado en tiempos de guerra, es decir, si seriamos capaces de reconducir toda esta sabiduría hacia su aprovechamiento en tiempo de paz.

En concreto, Bush (que no tiene ningún vínculo familiar con los otros Bush, los dos presidentes de Estados Unidos) se plantea una pregunta simple, pero crucial, sobre lo que tenían que hacer a partir de aquel momento los científicos, es decir, cuáles tenían que ser los objetivos de su tarea. Es importante tener en cuenta que la preguntita la formulaba una persona que había coordinado los esfuerzos de más de seis mil investigadores ocupados esencialmente en la aplicación de sus conocimientos para ganar la guerra. La hipótesis central del artículo sostiene que el objetivo más importante de la investigación científica tiene que ser facilitar el almacenamiento y la recuperación de la información, lo que lo con-

19 Bush, V. (1945). «As We May Think». *The Atlantic Monthly.* Accesible en http://www.theatlantic.com/magazine/archive/1945/07/as-we-may-think/303881/?single_page=true. Consultado el 9 de septiembre de 2013.

vierte en uno de los pioneros más citados de la era internet. Conviene decir que el doctor Bush actúa de forma partidista respecto a sus preocupaciones sobre lo que pueden hacer los científicos en la época de paz que acababa de empezar. Así, no tiene ninguna duda sobre lo que tienen que hacer los médicos y todos los que están relacionados con las ramas del saber que tienen algo a ver con la salud, ya que sus objetivos tienen que ser esencialmente los mismos en tiempos de paz que en tiempos de guerra. Pero Bush se muestra terriblemente preocupado por las futuras ocupaciones de los físicos (sic), de los que dice que son los más damnificados por el esfuerzo de la guerra, al haberse visto obligados a dejar sus investigaciones académicas para dedicarse a construir raros artefactos destructivos. Si lo que el doctor Bush tenía en mente era la bomba atómica, no hay que ser muy listo para entender que los argumentos que alimentaban su preocupación eran muy consistentes e, incluso, largamente justificados. Por ello finaliza la introducción de su artículo asegurando que, por poco que lo intenten, seguro que encontrarán objetivos dignos de su genialidad.

El artículo, además de la introducción, está dividido en ocho secciones y está dedicado a explicar los detalles de un sistema que él mismo denomina Memex (acrónimo de *memory* y *expander*), que, viene a ser un internet de sobremesa, es decir, un sistema de almacenamiento y consulta de información local y sin estar necesariamente conectado a ninguna red, que en vez de estar basado en tecnologías digitales se basa en la tecnología del microfilme. Esta es la base de las ideas visionarias que el doctor Bush expone en su artículo y que lo han convertido en un clásico y en una referencia obligada para todo el mundo que quiera hablar de sistemas para almacenar y consultar información. De hecho, el artículo contiene ideas que no se apartan demasiado de la adaptación del sistema Memex de Bush a las tecnologías del momento, que hoy en día se presentan como grandes innovaciones, fruto de la conjunción de la inteligencia artificial y de las tecnologías de la información y de la comunicación.

En este artículo Bush menciona, de paso, a Babbage y a sus máquinas, argumentando que la tecnología del momento no hacía posible su construcción efectiva y pone como ejemplo lo que hubiera podido pasar si a un faraón egipcio le hubieran presentado los planos de un automóvil, los hubiera entendido y hubiera ordenado su construcción; seguramente el coche no habría podido recorrer más que unos metros, antes de desplomarse. Ahora, sigue, es posible construir de forma efectiva y económica máquinas con partes intercambiables y altamente fiables, y como ejemplo de esta fiabilidad menciona justamente los teléfonos automáticos. No podía llegar a imaginarse lo lejos que quedaba esta supuesta fiabilidad de la cruda y dura realidad.

Y es que, como propugnaba el título del artículo de Bush, la imaginación era el único límite y pronto fue evidente que había varios grupos que, en lo que se refería a averiguar los secretos del sistema telefónico, tenían mucha imaginación, bastante más que la que habrían deseado los directivos y técnicos de la Bell. Pero también había otra gente, esta vez profesionales de la tecnología, que demostraron tener mucha imaginación, la suficiente para inventar el futuro, al menos respecto a los ordenadores personales.

5. Extender el intelecto

El artículo de Vannevar Bush fue leído por Douglas Engelbart, un joven técnico de radio destinado a las Filipinas. Cuando acabó la guerra, inspirado por las ideas del artículo, decidió dedicar sus esfuerzos al objetivo –ciertamente ambicioso– de usar la tecnología para mejorar el intelecto humano. Engelbart pensaba que, igual que la sofisticación del pensamiento humano está condicionada por la del lenguaje empleado para expresarlo, la tecnología condiciona nuestra capacidad para tratar información y, a su vez, este hecho controla nuestra capacidad para desarrollar nuevas tecnologías, por lo que se impuso la tarea de buscar nuevas tecnologías para el tratamiento de la información.

Dejó el trabajo que tenía en la NASA para empezar el doctorado de ingeniería en la Universidad de California en Berkeley dónde, una vez graduado, en 1955, lo contrataron como profesor asociado. Pronto dirigió su interés hacia los ordenadores, lo que provocó que sus colegas le advirtieran sobre el poco futuro que tendría su carrera académica, ya que ninguno de sus posibles valedores –es decir, los catedráticos– estaban interesados en aquellas máquinas y, por consiguiente, no podría pasar nunca de profesor asociado.

Engelbart escribió al decano de la escuela de ingeniería de la Universidad de Stanford, centro neurálgico de Silicon Valley, para explicarle sus proyectos y pedirle trabajo. El decano le contestó que no creía que los ordenadores tuvieran ningún futuro en el mundo académico, porque solo tenían interés para las empresas de servicios y que, por lo tanto, no podía darle trabajo. Afortunadamente, Engelbart no se desanimó y, en lugar de de abandonar sus ideas, optó por abandonar la academia. Consiguió formar un potente grupo de investigadores, informales pero brillantes, con financiación suficiente para desarrollar su proyecto.

La primera subvención para las investigaciones de Engelbart procedía de una oficina de las fuerzas aéreas, luego siguieron la IPTO, la oficina de proyectos informáticos de ARPA, una agencia para financiar la investigación, creada para contrarrestar la superioridad tecnológica que los soviéticos habían mostrado con el lanzamiento del primer satélite artificial, el Sputnik. El primer director de esta oficina fue J. R. Liklider, quien después tendría un papel crucial en la creación de internet. La NASA, a través de Robert Taylor, fue la siguiente agencia que lo subvencionó, en 1964, y las ayudas siguieron, de nuevo desde la IPTO, a partir de 1965, cuando Taylor pasó a dirigirla después de Liklider. Bob Taylor fue también un personaje fundamental en la creación de internet. Uno de los factores clave en la concesión y el mantenimiento de estas subvenciones reside en la visión de estos responsables de las agencias de financiación, que aprovecharon el escaso control político sobre los proyectos, así como la carencia de presión para conseguir resultados inmediatos.

Con estas ayudas, Engelbart creó y dirigió durante más de quince años el Augmentation Research Center, ubicado en el Stanford Research Institute, un centro de investigación que todavía existe, con el nombre de SRI International, y que surgió como una *spin-off* de la Universidad de Stanford. La idea de Engelbart era realizar, en torno a los ordenadores, un experimento sociológico dirigido a la construcción y a la realización de nuevos métodos de trabajo en grupo. Con este objetivo, desarrolló un laboratorio con un sistema informático interactivo y de visualización que constaba de casi una docena de terminales, y de una forma esencialmente empírica, elaboraron cambios en la conceptualización, visualización y organización de los materiales de trabajo, así como en los mismos procedimientos de trabajo, tanto a escala individual como colectiva.

El primer ratón construido por Engelbart

Fuente: Wikimedia Commons

De este laboratorio surgieron inventos como un curioso dispositivo llamado "Indicador de posición X-Y para un sistema de visualización", más conocido hoy en día como ratón de ordenador. También salieron de este centro –mientras era dirigido por Engelbart– conceptos como el hipertexto o la interfaz gráfica de usuario, entre otras pequeñeces. De todos modos, no tardaron mucho en surgir discrepancias fundamentales entre una buena parte del equipo y el propio Engelbart, quien pensaba más en los grandes ordenadores, mientras que los discrepantes habían empezado a ver las posibilidades asociadas a los que, más adelante, se denominarían ordenadores personales. En cualquier caso, la mayoría de los conceptos y los desarrollos que se gestaron en el laboratorio de Engelbart los siguieron elaborando –hasta convertirse en los estándares que conforman todavía hoy los ordenadores personales– los miembros del equipo que lo abandonaron para incorporarse al nuevo centro de investigación, el Xerox Palo Alto Research Center, Xerox PARC, recién creado por la Xerox con el objetivo de intentar subirse al carro de las tecnologías digitales.

El ratón se presentó en sociedad en una histórica sesión de la Fall Joint Computer Conference, celebrada en San Francisco en diciembre de 1968 y en la que dejó boquiabiertos a los más de dos mil asistentes, de modo que aún hoy es conocida como "la madre de todas las demostraciones". En esta sesión –grabada en vídeo[20]– Engelbart también presentó los demás inventos de su centro, incluyendo una demostración en vivo de teleconferencia, en la que debió ser la primera presentación auténticamente multimedia de la historia. El sistema había sido bautizado con el nombre de On line System, NLS, y fue vendido por SRI en 1977, con lo que quedaba del laboratorio de Engelbart.

La patente del ratón le había sido concedida a Engelbart el 17 de noviembre de 1970. Fueron muy pocos los que entendieron que con aquel invento empezaba otra época para el tratamiento de la información y que aquel dispositivo se convertiría en uno de los iconos de la era digital; tan pocos que, tras la venta del laboratorio, Engelbart quedó relegado a un nivel secundario, hasta que no le quedó más remedio que abandonarlo y fundar un nuevo instituto que perseguía objetivos similares al del Augmentation, un instituto que dirigió hasta su fallecimiento en julio de 2013.

20 Disponible en http://vimeo.com/32381658. Consultado el 18 de septiembre de 2013.

Desde que se otorgó la patente, tuvieron que pasar más de diez años hasta la aparición del primer ordenador personal con ratón, una aparición que vino de la mano de Apple. Después de una visita al laboratorio de Engelbart, Steve Jobs vio sus posibilidades y compró los derechos de explotación de la patente del ratón por 40.000 dólares. De este modo fueron los ordenadores de Apple los primeros terminales comerciales que incorporaron este dispositivo, que hoy está a punto de ser desplazado por las pantallas táctiles.

Una página de la patente del ratón

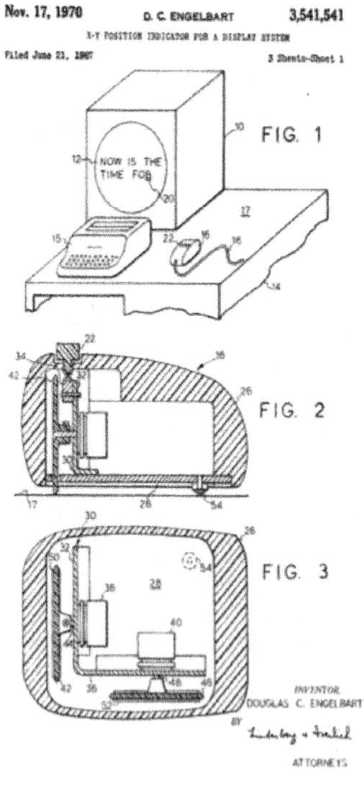

Fuente: US Patent Office

6. Inventar el futuro

Hacia el final de la década del sesenta, los directivos de la Xerox empezaron a divisar un panorama poco esperanzador para el futuro de la compañía: si el papel tenía que ser desplazado por documentos digitales, como pregonaban algunos, entonces su negocio desaparecería o vería muy mermadas sus expectativas. Entonces recordaron que, años atrás, IBM había decidido no entrar en el negocio de las copias y había apostado por este futuro que ahora empezaba a dibujarse con fuerza. Este hecho ayudó a los directivos de la Xerox a tomar la decisión de entrar en el mundo de los ordenadores y lo materializaron con dos acciones diferenciadas: por un lado, compraron una empresa, Scientific Data Systems (SDS), dedicada a la fabricación y a la venta de ordenadores, y que pasaba por un mal momento y, por el otro, hicieron una apuesta que quedará en la historia como uno de los mayores aciertos que haya hecho una empresa, pero del que no supieron sacar provecho económico. Aconsejados por miembros prominentes de la academia, la Xerox creó, en 1970, un centro de investigación dedicado a explorar cómo tenía que ser este nuevo mundo y del que salieron los estándares informáticos todavía hoy vigentes, como los entornos gráficos de usuario, la impresión láser, Ethernet o la programación orientada a objetos.

El centro se bautizó con el nombre de Xerox Palo Alto Research Center (Xerox PARC) y pidieron a Bob Taylor, anterior director de ARPA, que los ayudara a formar el equipo. Taylor aprovechó sus contactos y consiguió formar un equipo brillante, con parte de los miembros del laboratorio de Engelbart que se habían quedado sin trabajo, y con otros profesionales que había conocido en sus cargos anteriores, entre los cuales destacan, entre muchos otros, Alan Kay y Robert Metcalfe. A pesar de que, en otro arranque brillante, los directivos de la empresa de fotocopiadoras habían optado por situar el centro en la costa oeste, lejos de la sede central de la compañía, ubicada en la costa este, no tardaron mucho a presentarse diferencias entre la visión de los directivos de la Xerox, que veían el futuro como una caja de Pandora llena de males infinitos, y los de Xerox PARC, que lo veían lleno de oportunidades. Como muestra de este enfrentamiento, ha quedado la frase que Alan Kay soltó a los directivos en el curso de una discusión entre estas dos visiones: "La mejor manera de prever el futuro es inventarlo". Justo es decir que, más que una frase brillante para salir de una situación comprometida, al final Alan Kay y el resto de miembros de Xerox PARC acabaron por inventar el futuro, por lo menos en cuanto a los ordenadores personales.

Alan Kay llegó a Xerox PARC con el doctorado recién hecho y un proyecto que ya hacía cuatro años que había empezado a madurar y que tenía por nombre Dynabook ('libro dinámico'): un ordenador que era simplemente una mesita plana formada por una pantalla más un teclado. La visión de Alan Kay era que estos serían los ordenadores del futuro y servirían para elaborar y guardar documentos de trabajo, además de servir como herramienta de comunicación, puesto que estarían conectados a redes inalámbricas. También servirían para el entretenimiento: música, juegos y todo lo necesario para pasar el rato de una forma agradable. Dicho de otro modo, se trataba de un prototipo, con casi cuarenta años de antelación, de lo que ahora denominamos *tablet*. Kay era músico de formación, pero se había empezado a interesar por los ordenadores como una herramienta educativa y había estado en contacto con Seymour Papert, del MIT, inventor de uno de los primeros lenguajes de programación que tenía en cuenta a los niños, el LOGO. La visión de Kay, compartida por el resto del equipo de Xerox PARC, era que los ordenadores tenían que poder ser utilizados por cualquier persona y no solo por técnicos que conocían los sofisticados comandos que, hasta entonces, se necesitaban para poder hacer funcionar un ordenador. Y de esta visión surgen las interfaces gráficas de usuario, es decir, la metáfora que convierte la pantalla del ordenador en una réplica de un escritorio de los de siempre, en el que hay documentos, aplicaciones, carpetas y toda una serie de iconos sobre las que solo hay que clicar para activarlos o arrastrarlos para guardarlos en una carpeta. En otras palabras, el sistema habitual de hoy para interaccionar con los ordenadores.

El *establishment* informático no dispensó una acogida nada cordial a esta idea. Todavía recuerdo que, hacia el final de la década de los ochenta, algunos informáticos hablaban mal de los Macintosh –los primeros ordenadores que incorporaron esta tipo de interfaces– con el argumento de que lo de las carpetitas y los iconos no era serio. Exactamente el mismo argumento que, más de una década antes, habían exhibido los directivos de las grandes empresas informáticas, Xerox entre ellas. Lo cierto es que no entendían que pudieran llegar a vender máquinas que valían millones de dólares y que podían ser manejadas, primero por cualquiera y, segundo, clicando y arrastrando dibujitos que salían en la pantalla. Esta visión la compartía todo el mundo, excepto Steve Jobs quién, al frente de una delegación de Apple visitó el centro en 1979 y quedó impresionado por lo que había visto, ya que, finalmente, aquel sistema, movido por un ratón, ponía de verdad los ordenadores al alcance de todo el mundo. El sistema no estaba ni patentado ni a la venta, por lo que Jobs pudo inspirarse en lo que había visto en Xerox PARC para hacer el sistema operativo de los Macintosh, los ordenadores que fueron lanzados en enero de 1984 para evitar la pesadilla de 1984.

Algunas de las anécdotas que rodean a los años gloriosos de Xerox PARC están relatadas en *Dealers of Lightning*[21] y muestran claramente cuál era el espíritu y el ambiente que aquel grupo tenía y fue capaz de crear. Por ejemplo, cuando llegó el momento de decidir qué ordenador era el más oportuno para su tarea, llegaron a la conclusión de que el mejor era un PDP de Digital Equipment y cuando intentaron que les compraran uno, tropezaron con la oposición frontal de la casa madre: ¿cómo podían adquirir una máquina de la competencia para lo que tenía que ser su barco insignia de innovación? El único argumento que sirvió a los directivos de la Xerox fue describir lo que dirían los periódicos cuando vieran los camiones descargando las cajas de Digital en el Laboratorio. Por consiguiente, la única solución que quedaba era comprar un ordenador de la nueva filial de Xerox, SDS. Pero los miembros del equipo llegaron a la conclusión de que ninguno de los modelos podía satisfacer sus necesidades y, finalmente, optaron para emplear el presupuesto que tenían para fabricarse su propio ordenador, que, naturalmente, en esencia era un PDP.

21 Hiltzik, M.A. (1999). *Dealers of Lightning. Xerox PARC and The Dawn of Computer Age*. Nueva York: HarperCollins.

Otro de los protagonistas destacados de Xerox PARC es Bob Metcalfe y la invención de Ethernet, el protocolo que aún hoy se emplea para hacer llegar internet a todas partes, incluyendo los hogares. El propio inventor ha explicado, repetidas veces y con un sentido del humor no exento de ironía, la historia de esta invención. Dice que inventó Ethernet tres veces: la tecnología pura y cruda en 1973 en Xerox PARC y con la colaboración de D. R. Boggs; el estándar industrial en 1979, con G. Bell, en los laboratorios de Digital Equipment Corporation; y el producto para el consumo, en 1982 con R. C. Cane en una empresa que él mismo fundó con este objetivo. El 22 de mayo de 1973 Metcalfe envió un memorándum a sus jefes en el que indicaba las posibilidades que tenía su sistema para conectar todos los ordenadores y las impresoras de Xerox PARC, de modo que, a pesar de que la patente no fue solicitada hasta cuatro años más tarde, la fecha del memorándum ha llegado a ser la de referencia para la creación de Ethernet.

La historia de esta invención no es muy diferente de otras historias de invenciones de productos similares. había unos antecesores limitados y con graves problemas matemáticos en el modelo teórico, directamente ligado a la teoría de la transmisión de la información de Wiener y Shannon. En realidad, la tecnología Ethernet estaba inspirada en el sistema llamado Alohanet y mejoraba sus prestaciones. El sistema lo había montado Norman Abrahamson en 1970 en la Universidad de Hawái para comunicar por radio los ordenadores de las diferentes sedes de aquella universidad, situadas en islas diferentes. Con la imaginación y falta de rigor matemático propios de la formación de un ingeniero, Metcalfe, mientras era estudiante de doctorado en la Universidad de

Harvard, encontró una solución práctica a algunos de estos problemas y escribió la comunicación correspondiente para un congreso internacional.

Los puntos de divergencia con otras historias empiezan en que, según explica él mismo, el *establishment* matemático no se mostró muy entusiasmado con su artículo, hasta el punto que su tesis, basada en este nuevo modelo de transmisión de datos, fue rechazada en primera instancia por un tribunal de la Universidad de Harvard, puesto que, decían, no era suficientemente teórica. Metcalfe está firmemente convencido de que una de las razones principales de este rechazo es que, para describir su modelo, no empleó los símbolos griegos tradicionales usados desde siempre por las autoridades reconsagradas del tema, a pesar de que, alguna que otra vez, también ha mencionado como posible razón su escasa diligencia para ir a buscar cafés para su director de tesis. A pesar de que se puede discutir la objetividad de una afirmación cómo esta, hay que pensar que quizá algo de razón tendría Metcalfe ya que, afortunadamente, Bob Taylor, que era quién lo había contratado para el nuevo centro de investigación de Xerox, a pesar del rechazo inicial de la tesis, le mantuvo las condiciones del contrato como investigador-doctor y le dio garantías de que allí podría acabar de desarrollar su sistema. Así lo hizo; conectó más de un centenar de ordenadores del centro y volvió a redactar la tesis doctoral. Millones de ordenadores conectados en el mundo gracias a Ethernet avalan la sensatez de unos y otros: por un lado, la de los miembros del tribunal que rechazaron la tesis, cuyos nombres desgraciadamente no han pasado a la posterioridad, a pesar de sus méritos manifiestos. Por el otro, los responsables de Xerox PARC, especialmente Bob Taylor, que no hicieron caso de esta decisión.

Las divergencias también existían entre los investigadores del PARC y la división comercial de Xerox, que no veía las posibilidades de explotación comercial de aquella parafernalia. Aun así, e inspirándose en el sistema NLS de Engelbart, en 1973 diseñaron el Alto, el primer ordenador que servía para muchas cosas. Primero estaba pensado para ser empleado para un solo usuario, es decir, era un ordenador personal, pero no doméstico, tanto por peso como por precio; y segundo, era el primero que incorporaba la interfaz gráfica de usuario que años más tarde popularizó Apple a través de los Macintosh. Se fabricaron unos cuantos miles, que fueron a parar al mismo PARC y también a universidades y centros de investigación, pero no se llegó a comercializar en sentido estricto.

Tampoco había ayudado a mejorar las relaciones entre unos y otros un artículo[22] que apareció en la revista Rolling Stone en diciembre de 1972 y que tras un prometedor inicio –"Listos o no, los ordenadores están llegando a la gente"– se concentraba en los aspectos lúdicos de los ordenadores. Así, Taylor, Kay y otros miembros del equipo salen retratados como unos bohemios que pasan el tiempo dedicados a actividades lúdicas, reafirmando así la aparente poca seriedad de lo que hacían. Aun así, en este artículo Kay habla de su Dynabook y sale fotografiado un prototipo de este aparato.

En definitiva, la historia de aquellos primeros años de Xerox PARC es la historia de un fracaso comercial, seguramente provocado por la carencia de visión de unos recién lle-

22 Brand, S. (1972, diciembre). «Spacewar. Fanatic Life and Symbolic Death Among the Computer Bums». *Rolling Stone*. Disponible en http://wheels.org/spacewar/stone/rolling_stone.html. Consultado el 24 de septiembre de 2013.

gados al mundo de la informática, pero es también la historia de un éxito, el del lugar donde, finalmente, los ordenadores personales adoptaron la forma –y el fondo– que todavía tienen hoy y donde culminó, en buena parte, el sueño de los pioneros que empezaron a usar microchips para combatir el poder que los ordenadores otorgaban a gobiernos y grandes corporaciones, entre otras pequeñeces.

Hace muchos años, en Barcelona, en un recorrido en taxi que difícilmente olvidaré, el taxista me aseguró –ante mi sorpresa– que la informática se había acabado, que ya no habría nada nuevo, porque, según había escuchado en un "programa de radio, de esos de esoterismo", todo lo que la humanidad había conseguido en el mundo de los ordenadores lo había copiado de una nave de extraterrestres que había caído a la Tierra y que ya no quedaba nada más por copiar. Tiempo después supe que el taxista no se había inventado esta teoría "conspiranoica", porque vi un documental en la televisión que también sostenía lo mismo. La afirmación del taxista me provocó un comentario algo cáustico, puesto que le dije que, una de dos, o había mucho por copiar, o habían ido muy despacio, dado que ya hacía más de sesenta años que estaban inmersos en esta tarea. Es verdad que no encajó bien mi comentario y se enfadó. Si no hubiera sido por eso, seguramente habría insistido asegurándole que yo sabía a ciencia cierta donde había caído la nave. Si esta teoría fuera cierta, sin duda la nave tendría que haber caído en algún lugar entre Menlo Park –donde estaba el laboratorio de Engelbart– y Xerox PARC, es decir, Palo Alto. Y formando parte destacada de la tripulación: Engelbart, Taylor, Licklider, Kay, Metcalfe, otros miembros de los equipos del Augmentation y del PARC, y quien sabe si Jobs y Wozniak. Y que quede claro que en esta lista hay omisiones muy voluntarias.

Internet: Colaborar y compartir

1. Ocio y diversión

La mayoría de las casi dos mil personas que llenaban el auditorio eran informáticos o tenían un trabajo relacionado. En el escenario, el conferenciante debía de ser uno de los pocos que no llevaba la corbata correspondiente. Hasta entonces, su discurso no se ajustaba mucho a lo que se esperaba en un acontecimiento como aquel pero, aun así, había conseguido captar la atención de todo el auditorio. En un momento determinado, se detuvo y mirando hacia el fondo de la sala dijo:

– *Estoy aquí para deciros que he visto el futuro, y allí todo es ocio y diversión.*

Después de un breve silencio de desconcierto, las dos mil personas que habíamos escuchado esta frase, primero nos reímos y, luego, obsequiamos con una ovación atronadora a quién acababa de hablar, Bruce Sterling, un escritor especializado en temas tecnológicos y que también ha hecho algunas incursiones notables en el mundo de la ciencia ficción. Era la primavera de 1997 y el escenario era el auditorio del centro de convenciones de San José en California, en una de las conferencies plenarias del congreso del cincuentenario del ordenador ENIAC, organizado por la Association for Computing Machinery (ACM), la asociación de informáticos americana. Está claro que en el futuro que había visto Sterling, internet era la pieza central que proporcionaba el ocio y la diversión. Hoy, al cabo de más de una década y media, la predicción ha quedado esencialmente confirmada, pero no era nada evidente en aquel momento. Cierto es que ya hacía unos años –pocos– que internet había llegado a los hogares, ensanchando los reducidos círculos académicos, donde había sido concebida y desplegada, y empezaba a hincharse la burbuja tecnológica que se había ido creando en su estela. En el Estado español, en 1994, Telefónica había empezado a comercializar Infovia, una tarifa plana dirigida a facilitar el acceso universal a internet. El año 1994 también es el de la creación de la Universitat Oberta de Catalunya (UOC), la primera universidad exclusivamente online del mundo. En Telefónica no acababan de saber cuál sería la demanda de Infovia e, incluso, los técnicos de la compañía y los de la UOC trabajaron juntos en la definición de algunas de las especificaciones técnicas del servicio, ya que preveían que un buen número de usuarios procederían de esta universidad. Y así fue, a pesar de que, en poco tiempo, la demanda de Infovia superó con creces las previsiones más optimistas.

Otro de los conferenciantes destacados de la convención de San José fue Vint Cerf, uno de los creadores de los programas conocidos con el nombre de protocolo TCP/IP, que determinaban como se tenían que conectar diferentes redes de ordenadores y que habían hecho posible la formidable expansión global de estas redes conectadas entre sí, por lo que Cerf es considerado uno de los padres de internet. El tema central del congreso era el futuro que nos ofrecía la informática, y Vint Cerf también eligió hablar de un mundo en el que ordenadores de todo tipo conectados en red, algunos en forma de prótesis integradas en órganos puramente biológicos, nos ayudarían a vivir en un entorno mejor. Evidentemente la aproximación no tenía la causticidad de Bruce Sterling, pero no se apartaba mucho. He releído algunas veces la comunicación[23] de Cerf y, tengo que confesarlo, de entrada, me había parecido algo exagerada y utópica. Como me lo pareció en el momento en que lo escuchaba en directo. Lo cierto es que por varias circunstancias de índole personal, resulta que Vint Cerf no era solo uno de los artífices de la tecnología que tenía que ayudarnos a configurar un mundo mejor, sino que también conocía de cerca algunos de los resultados de las maravillas –milagros más bien– que podían ofrecernos. Esto también me ayudó a entender las motivaciones de una de las contribuciones más importantes de su tarea, que no es otra que la de hacer accesible esta tecnología a todo el mundo, en todo el mundo.

Impresionado por el contenido de la charla de Cerf –y sin haber olvidado la de Sterling– empecé a considerar la idea de proponer a mi universidad, la de las Islas Baleares (UIB), que Vint Cerf fuera investido doctor honoris causa. Los argumentos de la propuesta no estaban exentos de una cierta ingenuidad: ya hacía un tiempo que había empezado a predicar[24] que estaba firmemente convencido que internet

23 Cerf, V. G. (1997). «When They're Everywhere». En: Denning, P.J. y Metcalfe, R.M.: Beyond Calculation: *The Next Fifty Years of Computing*. ACM-Springer.

24 Véase, por ejemplo: http://www.isoc.org/oti/articles/0998/valverde_esp.html. (Para una versión en inglés de este texto, se puede consultar: http://www.isoc.org/oti/articles/0998/valverde.html., aunque ni la dirección de correo electrónica ni la url que figuran ya no son válidas.) Consultado el 11 de octubre de 2013

ofrecía en territorios como las Islas nuevas expectativas en las que la insularidad, lejos de ser una traba, como lo había sido la era industrial, podía ser una ventaja significativa que nos permitiría competir en pie de igualdad con territorios que no tienen nuestras limitaciones.

Conseguir el nombramiento no era nada simple; primero porque en aquel momento, Vint Cerf era todavía un desconocido tanto para el gran público como para muchos académicos. Segundo porque, de entrada, no sabía si, una vez aprobado por la UIB, él aceptaría el nombramiento y tampoco era nada elegante pedirle si estaba interesado en ello, cuando todavía no estaba asegurado que la UIB aprobara la propuesta. Después de darle algunas –muchas– vueltas, pocos días después de la convención, desde el motel de Menlo Park al que me había trasladado para completar una corta estancia de investigación en SRI International, envié un correo electrónico a Cerf, indicándole cuáles eran mis intenciones y que, por este motivo, necesitaba un currículum suyo más detallado que los que había podido encontrar en la web. No nos comprometía a nada ni a él ni a mí, dado que le indicaba que mi intención era simplemente elevar la propuesta. Si no contestaba mi correo, ya quedaba claro y, en cambio, si respondía podía interpretar que, llegado el caso, aceptaría el nombramiento. De inmediato, obtuve su respuesta: pocas palabras que acompañaban un extenso currículum muy detallado. Por consiguiente, ya sabía lo que tendría que hacer al regresar a Mallorca. Por cierto, no había internet en el motel, y aunque ya había proveedores comerciales de acceso a internet, el servicio funcionaba por suscripción. Así, para poder enviar el correo desde mi habitación, primero me había conectado con un módem a unos de los ordenadores de SRI y desde allí, usando la cuenta que tenía como visitante, me había conectado a uno de los ordenadores de la UIB, desde donde había enviado el mensaje, es decir, había tenido que usar los programas que Vint había ayudado a crear. Ahora las cosas son más fáciles, bastante más fáciles.

De regreso a la UIB, inicié el procedimiento para nombrar a Vint Cerf doctor honoris causa. Primero el consejo del departamento tenía que aprobar la propuesta, y así lo hizo y, luego tenía que aprobarla la junta de gobierno, como se llamaba entonces. Afortunadamente, hacía poco tiempo que se había establecido una nueva metodología para la aprobación de los nombramientos de los doctores honoris causa: la propuesta se presentaba en una reunión de la junta, con la documentación pertinente, y la votación para su aprobación se posponía hasta la reunión siguiente, para que los miembros de la junta tuvieran tiempo de examinar los méritos del candidato y la fundamentación de la propuesta. Mientras la presentaba, me llegaron algunos comentarios sobre la inadecuación de reconocer un asunto de los militares y que la universidad no podía comprometerse en estos temas. Así me quedó claro que no había otro remedio que hablar con todos y cada uno de los miembros de la junta de gobierno que quisieran escucharme, primero para desmentir fehacientemente lo militar y, segundo, para intentar convencerles de las posibilidades que internet abría para las Islas. Creo que me salió bastante bien, ya que la propuesta fue aprobada con pocos votos en contra o abstenciones.

Finalmente, Vint Cerf vino a Mallorca en febrero de 1998 para ser investido doctor honoris causa por la UIB. Sea dicho de paso, solo llegar al aeropuerto de Palma, constatamos que internet se estaba convirtiendo en un auténtico fenómeno social, ya que, por gentileza del subdirector del aeropuerto, pude ir a recibirlo a pie del avión con el que se desplazaba desde Madrid y después ir a esperar su equipaje a la sala de autoridades. Justo cuando llegábamos a la sala se me dirigió un guardia civil que estaba de servicio y, cuando esperaba que nos pidiera la documentación, al oído, me preguntó quién era ese señor tan importante de internet, y mientras –sorprendido– le señalaba a Vint Cerf, el guardia, también al oído, me pidió si creía que le firmaría un autógrafo. Le dije que suponía que sí y los presenté. Mientras le firmaba el autógrafo, el guardia sacó una cámara del bolsillo y me pidió que les hiciera una foto. Camino del hotel, divertidos, estuvimos comentando el hecho y concluimos, primero, que el guardia probablemente debía tener un hijo, hija o familiar que sabía qué era internet y, segundo, que el impacto social de la red de redes empezaba a ser mucho más importante de lo que imaginábamos en aquel momento.

En cualquier caso, la del consejo de gobierno fue, si no la primera, sí una de las primeras veces que he tropezado con la leyenda urbana, desgraciadamente vigente todavía hoy, que internet era una red que había sido diseñada y construida en plena guerra fría para evitar que, en caso de ataque nuclear en Estados Unidos, la destrucción de un nodo de comunicaciones no significara que medio país quedara incomunicado del otro medio. El mismo Bruce Sterling alimenta esta leyenda urbana en The *Hackers Crackdown*, el libro en el que hace un extenso y muy documentado relato –excepto en lo que respecta a la creación de internet– de como un fallo en el software de una central de teléfonos de Nueva York sirvió de excusa para realizar una gran operación policial contra los *phreakers* y los *hackers*, lo que además dejaba muy instalada la creencia colectiva de que todos eran malos, muy malos, ya que constituían un peligro para la seguridad nacional, cuando, de hecho, lo que sí era realmente peligroso para todo el mundo era la falta de control de calidad en el software de la centralita.

Dando credibilidad a esta leyenda urbana, Bruce Sterling pasa por alto un pequeño detalle: dado que, de una manera u otra, las líneas telefónicas son la base de esta conexión entre ordenadores, ¿cómo podía alguien en sus cabales pensar que un sistema que depende del teléfono podía resistir un ataque nuclear, cuando estaba demostrado que el sistema telefónico no podía resistir el ataque de un adolescente armado con una guitarra eléctrica o con un silbato incluido dentro de un paquete de cereales? En caso de que la leyenda fuera cierta, el relato de la construcción de internet sería el de uno de los fracasos más estrepitosos de la historia de la tecnología. Un fracaso que estaría claro desde los primeros supuestos iniciales. Por otro lado, ¿cómo se había pasado de una red militar a un futuro de ocio y diversión? Sea como fuere, aunque la leyenda urbana fuera cierta, no hay duda de que, a pesar del posible pecado original, el asunto había evolucionado bien, posiblemente muy bien.

En aquel momento, eran pocos los que tenían al alcance los datos necesarios para poder desmentir la leyenda urbana, así que, para preparar las conversaciones con los miembros de la junta de gobierno de la UIB, no me quedó otro remedio que estudiar la bibliografía que empezaba a haber sobre el tema para tratar de aclarar el intríngulis, una tarea que debía acometer en cualquier caso si, como parecía, Vint Cerf era finalmente nombrado y yo tenía que hacer de "padrino" y la correspondiente *laudatio*.[25] Gradualmente fui descubriendo cómo había sido esta extraordinaria aventura que había superado, en mucho, cualquier expectativa, empezando, claro está, por las de sus creadores, auténticos aprendices de brujo que a partir de la idea simple de conectar ordenadores, acabaron revolucionando el mundo, cambiando de forma significativa nuestra manera de vivir y de relacionarnos. La suya es una historia que merece ser explicada tantas veces como sea necesario hasta que la desafortunada leyenda urbana quede completamente erradicada. Todo ello sin olvidar que lo realmente importante de la historia de internet no es cómo se construyó o cómo llegó a funcionar, sino cómo y para qué se empleó.

Vaya por delante que no deja de ser una falacia atribuir un invento a una sola persona o grupo, como, por ejemplo y sin alejarse mucho, ilustran muy bien el caso del teléfono, el de los ordenadores personales, el del chip y muchos otros. Por consiguiente, intentar atribuir internet a un solo inventor no dejaría de ser un ejercicio fútil y estéril. Los inventos, como expresión del conocimiento y de la creatividad de los humanos, son el resultado colectivo de la acumulación de muchos esfuerzos, a menudo fallidos, y eso es así a pesar de lo que nos intentan hacer tragar las historias oficiales: rara vez todo pasa solo por un solo héroe solitario. Lo cierto es que buena parte de las invenciones aparecen como respuesta a una pregunta hecha en el lugar oportuno y en el momento oportuno, como argumenta Vannevar Bush en *As we may think*, cuando habla de la posibilidad de que un faraón egip-

---

25 http://www.uib.es/honoris/vcerf/discurs.html. Consultado el 9 de octubre de 2013.

cio hubiera pedido que le hicieran un coche: ni el contexto, ni la tecnología no le habrían permitido. Como tampoco era viable la máquina Memex que Bush describe en este artículo. La máquina Memex[26] era, simplemente, una respuesta con una tecnología líder del momento –los microfilmes– a la necesidad de tener grandes cantidades de información al alcance. Pero, una década antes, el belga Paul Otlet, y con el mismo objetivo, había iniciado la tarea gigantesca de intentar clasificar el mundo.

Ilustración de la máquina Memex, publicada en la revista Life en 1945

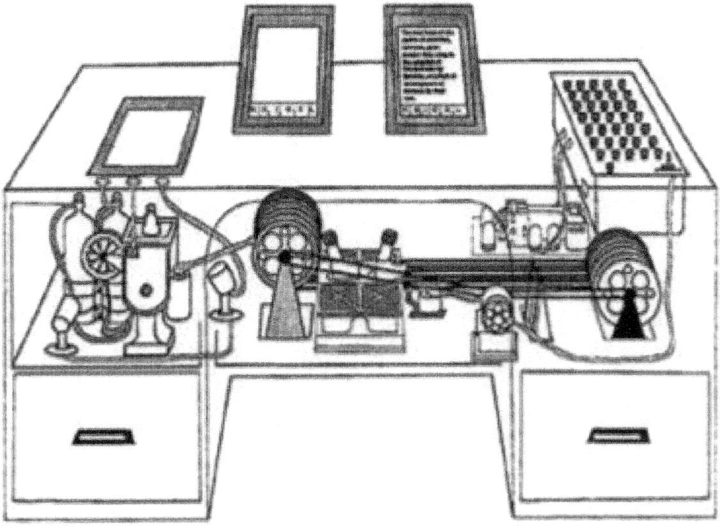

Fuente: Wikipedia

26 El vídeo http://www.youtube.com/watch?v=c539ck58ees es una animación que muestra como tenía que funcionar la máquina Memex. Consultado el 8 de octubre de 2013.

Otlet, abogado de profesión, es considerado el padre de las ciencias de la documentación. Mejoró el sistema de clasificación de Dewey desarrollando el sistema de clasificación decimal universal, con el que pretendía también clasificar todo el conocimiento humano. Con este objeto empezó a coleccionar datos sobre todo lo que se había publicado a lo largo de la historia, libros y lo que fuera. Creó una inmensa base de datos formada por más de 12 millones de fichas de papel. Pronto se dio cuenta de que el soporte del papel no servía para sus objetivos y empezó a pensar en otros sistemas. En aquel momento no existían los sistemas electrónicos para guardar datos y no le quedó otro remedio que inventarlos o, mejor dicho, imaginarlos. Así llegó a describir planes para construir una red global de "cerebros mecánicos" que permitiría la investigación y la navegación por millones de documentos, imágenes y archivos sonoros interconectados.[27] Describió como la gente emplearía estos aparatos para enviar mensajes, compartir archivos e, incluso, agruparse en redes sociales. Todo ello en 1934, más de diez años antes de la máquina Memex. El proyecto de las fichas de Otlet acabó mal por varias circunstancias, entre las cuales la guerra desempeñó un papel no menor: tuvo que ver como los nazis destruían gran parte de sus fichas. Otlet murió poco antes del final de la guerra y lo que quedaba de su legado fue a parar a una nave donde se fue deteriorando hasta que, en 1968, un licenciado llamado Rayward lo descubrió y empezó la tarea de recuperación y reivindicación de la visión de Otlet.

27 En el vídeo http://www.youtube.com/watch?v=_y9k0t9zqfg se explican los elementos básicos del sistema de Otlet.

La "rueda de libros" de Ramelli

Fuente: Wikimedia Commons

Aun así, si se quiere todavía ir más atrás en busca de ideas pioneras en este ámbito de sistemas que faciliten el acceso a la información, resulta también obligado –y divertido– hacer mención de la "rueda de libros" de Agostino de Ramelli y que aparece en el que se considera el primer tratado de ingeniería[28], publicado en 1588. En este tratado, entre los dibujos –planos rudimentarios– de máquinas que sirven para subir agua o para trasladar pesos, aparece esta rueda de libros, que

28 Teach Gnudi, M. y Ferguson, E. S. (eds.) (1976). *The Various and Ingenious Machines of Agostino Ramelli*. Nueva York: Dover Publications.

no es otra cosa que la rueda de una noria en la que los caños han sido sustituidos por atriles, que descansan sobre un sistema de engranajes que mantienen los libros siempre a punto de lectura, independientemente de la posición de la rueda. Dicho de otro modo, era la respuesta, con la tecnología del momento, a la necesidad de facilitar la tarea de lectura –los libros en aquellos tiempos eran gruesos y difíciles de manejar– a personas con limitaciones físicas. Ahora bien, como tantas otras cosas, la máquina de Ramelli parece que tiene una precursora china conocida con el nombre de repositorio giratorio, que data de la dinastía Tang, hacia el año 823. Y quien sabe, si rascando algo más todavía encontraríamos otros inventos más o menos notables y más o menos exitosos que puedan ser considerados verdaderos antepasados de la actual web que internet ha hecho posible.

2. Un millón de dólares en veinte minutos

Lo cierto es que, en cuanto a internet, sí hubo alguien que hizo una pregunta –no sabría decir si acertada o no– en el lugar oportuno y en el momento oportuno. De la respuesta a esta pregunta surge, primero, ARPANET y, luego, internet. Este alguien, el que pregunta, no es otro que Robert Taylor, a quien ya hemos encontrado antes financiando, primero desde la NASA y después desde ARPA, las investigaciones de Doug Engelbart, el inventor del ratón. Sea dicho de paso, no sé si mis colegas que mostraron reticencias para reconocer lo de internet por su supuesto origen militar deben usar ratones de ordenador, dado que tienen la misma fuente de financiación, la ARPA, la Advanced Research Projects Agency. Esta agencia fue creada en 1958 por el Gobierno de Estados Unidos para impulsar la investigación, con el objetivo de conseguir superar –con tecnología– el golpe de efecto que los soviéticos habían ofrecido al mundo con el lanzamiento del primer satélite artificial, el Sputnik.

Entre las muchas respuestas posibles al susto que generó este hecho, Eisenhower decidió que lo mejor que podía hacer era confiar en los científicos –y no solo en los militares– y ponerlos a trabajar para superar tecnológicamente el golpe de efecto que suponía el Sputnik. Y para ello hacía falta dinero. Entre muchas otras acciones, creó la ARPA, una agencia de financiación de la investigación que dependía del Departamento de Defensa, pero que estaba gestionada por civiles. La misión de la ARPA era promover el desarrollo de ideas de investigación que fueran imaginativas, innovadoras, incluso de alto riesgo, y que fueran más allá de los enfoques de desarrollo evolutivos normales. Además tenía que ser posible implementar estas ideas a través de demostraciones de viabilidad técnica. Es decir, la ARPA podía financiar cualquier cosa, por osada que fuera, siempre que diera como resultado un prototipo que funcionara. En poco tiempo, la ARPA llegó a ser la principal fuente de financiación de la investigación y el desarrollo tecnológico de Estados Unidos.

Otro acierto atribuible a la ARPA fue no restringir la naturaleza de los proyectos que podía financiar, especialmente respecto a su carácter secreto o no, de modo que cualquier innovación que no tuviera carácter secreto –como el ratón– era susceptible de convertirse de forma inmediata en un servicio o bien de consumo. De hecho, el lanzamiento del Sputnik fue el detonante de muchas innovaciones que hoy son de uso cotidiano, como por ejemplo, el GPS. No dejaba de ser preocupante que los rusos pudieran observar todo lo que se hacía y deshacía en Estados Unidos gracias al satélite que los sobrevolaba lejos de cualquier posible interceptación. Esencialmente esta, la de asustar, debía de ser una de las principales motivaciones de los soviéticos. Para que pudiera ser seguido, el Sputnik emitía unas señales de radio, que añadían todavía otro motivo de alarma. Pero pronto, un investigador del MIT, se dio cuenta de que, gracias al efecto Doppler, era posible seguir la trayectoria del satélite, y que podían añadir todavía más precisión a este seguimiento midiendo las diferencias de tiempos en la recepción de señales desde tres puntos alejados de la Tierra. Este hallazgo significó un aliento de sosiego para los americanos: vosotros, soviéticos, podéis enviar lo que queráis al espacio que, aun así, nosotros sabemos dónde está a cada instante. La tecnología fue avanzando hasta que fue posible hacerlo al revés: tres satélites fijos –respecto a la Tierra– en el espacio, que emiten señales que permiten ubicar y seguir la trayectoria de uno objeto que se mueva en la Tierra, es decir, el GPS. Y no resulta exagerado mencionar la explosión comercial que tuvo lugar tras la decisión –tomada por la administración Clinton– de abrir los sistemas para usos civiles. Esta acción no fue necesaria en el caso de internet, dado que ya había nacido en el seno de la sociedad civil, sin restricciones de uso.

Dentro de la ARPA, y debido a la importancia que iban adquiriendo los proyectos que involucraban ordenadores, en 1962 se creó la Information Processing Techiques Office, la IPTO, con el objetivo de apoyar las investigaciones en el campo de los ordenadores y las tecnologías relacionadas que subvencionaba la ARPA. J. R. Licklider –el primero que había dado su apoyo a Engelbart– fue su director fundador. Para hacerse una idea del perfil de Licklider –un ingeniero doctorado en psicoacústica–, y de cómo su talante encajaba con la misión de la ARPA, conviene mencionar que en 1960 había publicado en una revista técnica sobre los factores humanos en electrónica un artículo con el sugerente título de "Man-Computer Symbiosis"[29]. En este artículo –que, por decirlo de una manera suave, no tuvo una gran acogida entre los informáticos oficiales– pronostica que, en el futuro, humanos y ordenadores podrían cooperar en la toma de decisiones y el control de situaciones complejas, de forma que los humanos establecerían objetivos, formularían hipótesis, determinarían los criterios y evaluarían los resultados, mientras que los ordenadores harían las tareas rutinarias asociadas. Así, asegura, los humanos podrán hacer tareas intelectuales de una forma mucho más efectiva que si lo tuvieran que hacer solos. Licklider fue reafirmando estas ideas a lo largo de su carrera, lo que puede ayudar a entender su comportamiento a la hora de financiar las investigaciones de Engelbart, dirigidas precisamente a extender el intelecto humano con la ayuda de ordenadores y otros dispositivos electrónicos.

Licklider dejó la IPTO en 1965 y fue sucedido por otro informático atípico: Ivan Sutherland, uno de los pioneros de los gráficos por ordenador y, en particular, precursor de las interfaces gráficas de usuario que fueron desarrolladas en

29 Licklider, J. R. (1960) «Man-Computer Symbiosis. IRE Transactions on Human Factors in Electronics». *Volume HFE-1*, pág. 4-11. Disponible en http://sloan.stanford.edu/mousesite/secondary/licklider.pdf. Consultado el 4 de octubre de 2013.

Xerox PARC y que hoy son la base de la interacción entre personas y máquinas, especialmente en los ordenadores personales. Como subdirector, y también por recomendación de Licklider, lo acompañaba Bob Taylor, otro ingeniero que también se había doctorado –como Licklider– en psicoacústica. Así, en 1966, cuando Sutherland decide dejar la IPTO y volver a Utah para seguir con sus investigaciones, Bob Taylor es nombrado director de la IPTO.

La sintonía entre Licklider y Taylor venía de tiempo atrás. No puede obviarse que, desde su cargo anterior en la NASA, Taylor también había dado apoyo financiero a las investigaciones de Engelbart, apoyo que siguió cuando Taylor pasó a dirigir la IPTO. En ese momento Taylor tiene que enfrentarse a un problema muy peculiar de su día a día: su oficina había financiado la compra de varios ordenadores ubicados en universidades y centros de investigación repartidos por Estados Unidos. Existían tres marcas diferentes. Para poder realizar el correspondiente seguimiento de los proyectos, en su despacho –que no debía de ser muy grande– tenía tres terminales, uno para cada marca de ordenador. Cada uno de estos ordenadores funcionaba con un sistema operativo diferente y un lenguaje de comandos específicos: hay que tener presente que las interfaces gráficas de usuario todavía no habían salido de los laboratorios donde se estaban creando y desarrollando.

La desesperación de Taylor fue in crescendo a medida de que se daba cuenta de que, más allá de las incomodidades que aquello le generaba, no era posible –o era muy complicado– reutilizar, en una máquina determinada, los programas que se habían hecho para otra, lo que suponía una dispersión de recursos cercana al derroche. Por otro lado, no se puede olvidar que aquella situación no permitía el trabajo en colaboración, como el que estaba implantando, entre otros, el grupo de Engelbart y que él conocía muy bien. En todo caso, solo sería posible la colaboración entre aquellos que tuvieran los mismos ordenadores. Dicho de otro modo, y en palabras de hoy, la interoperabilidad entre ordenadores y sistemas de fabricantes diferentes no existía ni se la esperaba.

Por añadidura, la solución no podía pasar por focalizar las compras en una sola marca, ya que, como oficina del Gobierno, tenía que repartir juego. Obviamente era una situación insostenible, especialmente para alguien que ya hacía años que había apostado por investigaciones que iban en una dirección totalmente contraria a la situación real a la que tenía que enfrentarse cada día. Parecía mentira que justamente ellos que se habían comprometido a ir más allá, no pudieran encontrar una salida razonable. Pero ¿realmente no podían? Dicho de otro modo, la pregunta era "Nosotros que sabemos tanto de esto, ¿no podríamos arreglarlo para que todo funcionara con un único terminal?". Y esta fue justamente la pregunta que desencadenó como respuesta, primero la primera red de ordenadores de fabricantes diferentes y, luego, la red de redes, es decir internet. La pregunta no llevaba implícito ningún ataque nuclear ni nada parecido, la cuestión era cómo compartir recursos y favorecer el trabajo en colaboración. Por consiguiente, a nadie tendría que sorprender que, al fin y al cabo, uno de los usos principales de internet sea, precisamente, compartir, guste o no.

Abrumado por la pesadilla de los tres terminales, un buen día de febrero de 1966, sin pedir cita previa, Taylor entró en el despacho de su jefe inmediato, el director de la ARPA, William Herzfeld, y le explicó el problema. Para Taylor la solución era encontrar la manera de conectar ordenadores, aunque fueran de marcas diferentes, para hacerlos interoperables. Esto haría posible compartir recursos: un programa desarrollado sobre un ordenador de una marca determinada podría emplearse desde cualquier otro que estuviera conectado a la red, independientemente de que fuera del mismo fabricante o no. Su jefe le escuchó –parece que con atención, interés y aprovechamiento– porque a continuación le pidió si era muy difícil llevar a cabo un proyecto como aquel, a lo que Taylor dijo que no y que, además, ya tenían una idea bastante detallada de cómo hacerlo, puesto que habían financiado un proyecto que consistía en conectar dos máquinas de fabricantes diferentes. Tras un breve silencio, Herzfeld le dijo que se pusiera manos a la obra, añadiendo el detalle más importante: desde aquel mismo instante, el presupuesto de la oficina de Taylor se había incrementado en un millón de dólares. Cuando salió del despacho de su jefe, Taylor se dio cuenta de que la entrevista solo había durado veinte minutos y, rascándose la nuca, se dijo a sí mismo algo así como: "!Dios mío! Solo veinte minutos para conseguir un millón de dólares. Pensaba que sería más complicado".

Y, dicho y hecho, desde aquel momento empezó a mover las piezas que hacían falta para definir y desarrollar el proyecto, que se concretó en una red inicial, con cuatro nodos y que fue bautizada con el nombre de ARPANET, la red de la ARPA. Era la primera vez que la ARPA generaba un proyecto, ya que, hasta entonces, solo financiaba las propuestas que le llegaban. De entrada, era necesario definir los requerimientos técnicos del proyecto y después hacer un llamamiento para su ejecución. Para preparar el pliego de especificaciones contactaron, entre otros, con Larry Roberts, quién había ejecutado –con éxito– el proyecto para conectar máquinas de dos fabricantes diferentes. Parece que Taylor no lo tuvo nada fácil para convencer a Roberts que se incorporara al proyecto. Roberts no quería dejar su trabajo en Lincoln Labs del MIT para ir a la ARPA, pero como que más de la mitad del presupuesto de los laboratorios procedía de esta agencia, una llamada de Herzfeld –a instancias de Taylor– al jefe de Roberts sirvió para vencer las reticencias de este. William Heart fue otro de los especialistas a los que llamaron, por su experiencia en sistemas de tiempo real: querían que la respuesta de las conexiones entre ordenadores no estuviera sometida a largos tiempos de espera. Entre todos, y en el curso del año y pico que siguió a la gloriosa entrevista entre Herzfeld y Taylor, elaboraron el pliego de condiciones, denominado "Request for Proposals".

Licklider siempre estuvo presente en este proceso. Ambos, Taylor y Licklider, en función de sus responsabilidades, habían asistido a varias presentaciones de los resultados de las investigaciones de Engelbart, las cuales –según reconocen sus autores– inspiraron un artículo, publicado en 1968, con el título "The Computer as a Communication Device"[30], que ya anunciaba lo que acabaría sucediendo: que en pocos años los humanos se podrían comunicar de forma más efectiva a través de una máquina que frente a frente. Y ese era el escenario que tenían que impulsar las redes de ordenadores. El artículo es una declaración de principios de lo que tenía que ser ARPANET y contiene muchos de los elementos que

30 Licklider, J. R. y Taylor, R.W. (1968, abril). «The Computer as a Communication Device. Science and Technology». Disponible en http://sloan.stanford.edu/mousesite/secondary/licklider.pdf. Consultado el 4 de octubre den 1013.

configuraban el "Request for Proposals". Avanza la solución propuesta: en vez de que cada ordenador se ocupara de la tarea de conexión, la idea era colocar unos micrordenadores intermediarios, que acabarían siendo los Interfase Message Processors (IMP), encargados de hacer esta tarea y que estarían conectados mediante líneas telefónicas específicas.

Una de las ilustraciones incluidas en el artículo de Licklider y Taylor, que augura una de las pesadillas actuales de algunos profesores

Fuente: artículo de Licklider y Taylor

Estos intermediarios salvaban las dificultades para conectar que planteaban los administradores de los ordenadores, puesto que no querían que las escasas capacidades de cálculo que tenían en aquel momento se vieran limitadas aún más por las tareas de conexión. El artículo va mucho más allá; así, por ejemplo, explicitan que esta red de ordenadores podrá ser el apoyo de comunidades on line –así literalmente–, cuyos miembros podrán agruparse no tanto porque residan en un mismo lugar, sino en función de intereses comunes. Acaba describiendo otro proyecto que las redes de ordenadores podían hacer posible: el proyecto respondía al acrónimo OLIVER, en honor del ingeniero que lo conceptualizó, y se trataba de un vicario –aquel que asiste a alguien de rango superior– digital, es decir, un conjunto de programas residentes en una red de ordenadores que tenía por objetivo actuar, en determinadas situaciones, en nombre de la persona para la que estaba diseñado. Su misión era ahorrar aquellas tareas repetitivas y de rango menor que no requieren esencialmente la atención de ningún ser humano.

El asunto superaba el ámbito de los grandes directivos, ya que todo el mundo estaba destinado a tener un OLIVER, cada uno en su nivel. El diseño incluye componentes de inteligencia artificial –o amplificada–, puesto que incluso OLIVER podría suplantar a su propietario en algunas reuniones, al saber cómo pensaba, pudiendo argumentar y votar como él. Es cierto que, desde que conozco este proyecto, más de una vez –y de dos– viendo cómo se iban desarrollando algunas reuniones a las que he tenido que asistir, he lamentado profundamente que no se llegara a materializar. Seguramente en muchas de estas mi OLIVER me habría maldecido los huesos, pero yo me habría ahorrado escenas y situaciones lamentables y/o aburridas.

Licklider y Taylor dedican buena parte del final de su escrito a alabar las excelencias y las posibilidades vinculadas a un sistema como OLIVER, que ellos consideran posible, una vez las redes se hayan desplegado, para apoyar su idea del ordenador como herramienta de comunicación. No deja de ser interesante que estas elucubraciones vayan acompañadas por preocupaciones que hoy han llegado a ser problemas que aún no sabemos cómo resolver. Entre estos el de la fractura digital: "Para la sociedad, el impacto será bueno o malo, según la respuesta a la siguiente pregunta: "estar conectado" ¿será un privilegio o un derecho? Si solo un segmento favorecido de la población tiene la oportunidad de disfrutar de la ventaja de "la amplificación de la inteligencia", la red "puede exagerar las discontinuidades en el espectro de oportunidades intelectuales". Y todavía más, el artículo acaba con un punto de optimismo exagerado y naíf, cuando aseguran que "el paro desaparecería de la faz de la Tierra para siempre, debido a la magnitud de la tarea asociada a la construcción y el despliegue de esos sistemas. Acaso las cosas hubieran ido así, si en vez de haber dedicado todo nuestros esfuerzos al ladrillo y al cemento, hubiéramos dedicado una parte significativa de los recursos a explorar lo que tienen de cierto estas utopías.

Volviendo al pliego técnico, este describía esencialmente los requerimientos para los procesadores de mensajes y cómo había de ser el software necesario para que pudiera funcionar desde las máquinas que tenía que conectar. El pliego se envió a 140 empresas del sector, la respuesta de algunas de las cuales –con una visión que los honra– fue que no veían la necesidad de conectar máquinas a la escala que pretendía el proyecto. Poco antes de la Navidad de 1968, se otorgó a una consultora de Boston, Bolt, Beranack and Newman, BBN, donde estaban concentrados los verdaderos artífices del proyecto y del pliego de especificaciones.

En el plazo marcado –un año– ya funcionaban los cuatro primeros nodos de ARPANET: uno en SRI, otro en la Universidad de California de Los Ángeles (UCLA), un tercero en Utah y el cuarto en la sede central de BBN. La elección de la ubicación de estos nodos no era arbitraria. Por un lado, cubrían la geografía de Estados Unidos: costa este, costa oeste y centro. Por otro, en Utah estaba Ivan Sutherland, que había sido el anterior director de la IPTO. En SRI estaba Douglas Engelbart y en UCLA, Leonard Kleinrock, antiguo compañero de Roberts –de cuando eran estudiantes– y que se había doctorado precisamente con una tesis que trataba sobre la medida del flujo de comunicaciones en redes de datos. Dicho de otro modo, eran amigos, pero sobre todo, su interés y su experiencia en el tema estaban bien contrastados, lo que era una buena garantía inicial para el éxito del proyecto.

Afortunadamente para la historia, ha quedado documentado como fue la primera conexión entre dos nodos de ARPANET, cuyo contenido y duración no avalan precisamente la idea de una red capaz de resistir un ataque nuclear, ni mucho menos. Los hechos tuvieron lugar un día de octubre de 1969. La conexión tenía que producirse entre los ordenadores de UCLA y SRI. En cada sitio había un miembro del equipo que estaba frente al teletipo y otro frente al teléfono. Para empezar a trabajar en el ordenador de SRI era preciso que el operador tecleara LOGIN y desde Los Ángeles teclearon una L. El miembro del equipo que estaba al teléfono preguntó: "He tecleado una L, ¿la tenéis?", y al cabo de un momento desde Menlo Park dijeron: "A ver, ¡tengo 14! Sí, ¡tengo la L!" (el código octal para la L). Después vino la O. "¿Tenéis la O?", "¡Sí, tengo 17!" A continuación le tocaba el turno a la G, y justo en el momento que teclearon la G, la conexión se interrumpió. O sea que el primer mensaje que se transmitió entre dos nodos de ARPANET fue LO, o sus equivalentes en código octal 14 y 17. Aquel mismo día lo volvieron a intentar y esta vez las cosas funcionaron razonablemente bien. ARPANET ya era una realidad, es decir, ya era posible la conexión remota entre ordenadores de fabricantes diferentes y trabajar de uno a otro, el principal objetivo de Taylor y la solución a su problema de los tres terminales.

3. La leyenda urbana

El artículo de Licklider y Taylor también menciona que la conexión tiene que ser sobre líneas de teléfonos específicas y que la red ha de estar descentralizada, es decir, que no tenía que haber un nodo central por donde pasaban todas las conexiones, como pretendían algunos al comienzo. Esta descentralización era posible gracias a la técnica conocida con el nombre de conmutación de paquetes, y que es el punto donde se origina la confusión, posiblemente malintencionada, que sostiene la leyenda urbana sobre los orígenes atómicos de internet. Larry Roberts ya había probado –con éxito– la técnica de conmutación de paquetes sobre una línea telefónica en su proyecto, financiado por la ARPA, de conectar dos ordenadores de marcas diferentes situados en puntos opuestos de Estados Unidos, y es por eso que le habían llamado para ayudar en la elaboración del pliego.

La conmutación de paquetes –la revolución del siglo XX en el mundo de las telecomunicaciones– estaba allí, esperando que alguien se diera cuenta. Y los primeros fueron Donald Davies en Inglaterra y Paul Baran en Estados Unidos, los cuales la descubrieron por separado a inicios de la década de los sesenta, cada uno a un lado del Atlántico. Hasta entonces, los sistemas de comunicación se basaban en la conmutación de circuitos. De hecho, todavía hoy el sistema telefónico se basa en ello: cada vez que alguien marca un número de teléfono, lo que hace esencialmente es montar un circuito que conecta –por medio de las centrales que haga falta– dos terminales. Este circuito solo sirve para esta comunicación y está activo únicamente mientras dura. Cuando la comunicación finaliza, queda desmontado y los correspondientes segmentos que lo integraban quedan a disposición de otra llamada. La red física de apoyo para esta forma de comunicación, para que sea eficaz y por razones de economía de escala, tiene que estructurarse a partir de unos nodos centrales, mediante los cuales se conectan los terminales que entran en contacto.

Davies y Baran vieron que era posible otro sistema de comunicaciones que no requería un circuito dedicado a cada conversación o intercambio de mensajes: se trataba de fragmentar el mensaje en trozos pequeños, llamados paquetes, etiquetarlos convenientemente –identificador, lugar de salida, destino y número de orden– y soltarlos por la red, de forma que cada paquete encontrara su camino y, al llegar al destino, se volviesen añadir en el orden oportuno para reconstruir el mensaje. Esta forma de funcionar se denomina conmutación de paquetes y es la manera cómo circula la información por internet.[31] Entre las muchas virtudes que tiene, una de las más relevantes precisamente es que, a diferencia de lo que pasa con la conmutación de circuitos, funciona muy bien sobre una red física distribuida, sin que ningún nodo sea más importante que los demás.

31 En el vídeo http://www.youtube.com/watch?v=n7vjuxzptxq se puede encontrar una animación de cómo funciona la conmutación de paquetes. Consultado el 9 de octubre de 2013.

El dibujo de la izquierda representa una red centralizada y el de la derecha una red distribuida, el del centro correspondería a una opción intermedia

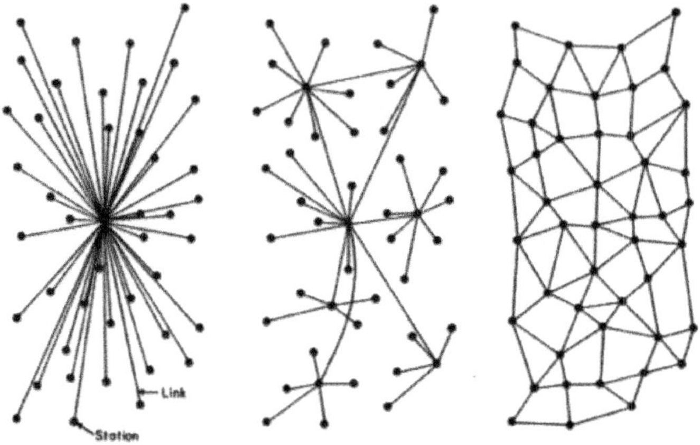

Fuente: P. Baran, On Distributed Communications Networks

En Londres, Davies había llegado a la conmutación de paquetes precisamente cuando intentaba resolver el problema de la no interoperabilidad de ordenadores de diferentes marcas. Sus motivaciones no estaban muy lejos de las que impulsaron Taylor a construir ARPANET: era posible explotar mucho mejor las tecnologías digitales para poder conectar ordenadores en red y, así, facilitar la interacción entre ellos a distancias largas. Para atacar el problema, primero vio que la solución podía venir a través de unos ordenadores que hicieran el papel de intermediarios para tratar los mensajes, la misma solución que fue adoptada para ARPANET. Además, también vio que las tecnologías digitales hacían posible la conmutación de paquetes y que esta era una forma más eficiente para las redes de datos. Con estos supuestos había empezado a desplegar una red de ordenadores. Larry Roberts había coincidido con Davies en un congreso celebrado en

Londres, pero asegura que no hablaron de la conmutación de paquetes.

Por su parte, Paul Baran, un ingeniero electrónico que entonces trabajaba para la Rand Corporation, estaba preocupado por la vulnerabilidad de la estructura de la red telefónica americana, que, por ser fuertemente centralizada, dependía esencialmente de unos cuántos nodos, de forma que la destrucción de uno de estos nodos podía significar un grave problema para comunicar una parte de Estados Unidos con la otra. Esencialmente, Baran no pensaba en una red de datos, lo que tenía en mente era diseñar una red de voz que no tuviera las debilidades derivadas de la estructura centralizada que tenía la basada en conmutación de circuitos. De ahí llega a la conmutación de paquetes y se acerca al gigante de las comunicaciones ATT para exponerle el problema y la solución, que hoy apenas empezamos a usar con el nombre de telefonía IP o voz IP. La respuesta de los responsables de ATT ha quedado para la historia: "No funcionará y, además, si llegara a funcionar, no esperará que dejemos que se diseñe un sistema alternativo al nuestro, ¿verdad?". Por ello, a pesar de la disposición de los militares a financiar un proyecto como el de Baran, con unos argumentos muy apasionantes en plena guerra fría, la telefonía IP ha tenido que esperar cuarenta años para empezar a ser desarrollada. En el año 1962, Baran publicó –la parte publicable– sus hallazgos en un informe titulado *"On Distributed Communications Networks"*, todavía hoy en día disponible en la web de la Rand Corporation.[32]

32 http://www.rand.org/content/dam/rand/pubs/papers/2005/p2626.pdf. Consultado el 9 de octubre de 2013.

Pero lo peor no es esto, sino que este proyecto fallido de Paul Baran sirvió para alimentar una de las leyendas urbanas más persistentes y características de nuestros días, que atribuye los orígenes de internet a la idea de construir una red de comunicaciones que fuera resistente a un ataque nuclear, de forma que si un nodo quedaba destruido por uno de estos ataques, la comunicación no quedaría interrumpida; una confusión generada a partir de atribuir a ARPANET los argumentos que Paul Baran había usado en su propuesta de construir una red de voz basada en la conmutación de paquetes. El único punto de contacto es justamente que los diseñadores de ARPANET se dieron cuenta de las ventajas que ofrece la conmutación de paquetes en comparación con la conmutación de circuitos, posiblemente inspirados por las investigaciones de Davies, y decidieron usarla como base de su red. Y de aquí viene la leyenda urbana que unas cuántas generaciones han considerado cierta, incluso oída en algunos cursos universitarios.

Sea dicho de paso, en 2002, unos investigadores de la Ohio State University demostraron que la destrucción de determinados nodos de comunicaciones supondría un grave contratiempo para el funcionamiento, a escala global, de internet. De hecho, los trágicos acontecimientos del once de septiembre de 2001 ya pusieron de manifiesto la debilidad de la red originada en la concentración de algunos de estos nodos en el World Trade Center de Nueva York, lo que no debería extrañar si se tiene en cuenta que una buena parte del apoyo físico de la red de redes depende del sistema telefónico. Es decir, por más que internet use la conmutación de paquetes, al final, la red física de base no es una red distribuida y, por consiguiente, tiene las debilidades de las redes centralizadas. Esta es, por otro lado, otra de las ventajas de los paquetes: su territorio ideal es una red distribuida, pero también funcionan sobre redes que no lo sean.

4. Llega internet

El despliegue y el buen funcionamiento de ARPANET demostró que la conmutación de paquetes era una técnica viable para los sistemas de comunicaciones, especialmente los que estaban dedicados a transmitir datos, a pesar de la opinión de los técnicos y directivos de AT&T. Pero el de esta red no fue el único experimento que sirvió para este objetivo. Taylor, una vez vio que ARPANET era una realidad que se empezaba a consolidar, optó, en 1969, por dejar la IPTO y buscar nuevos retos profesionales, primero en Utah, con Sutherland, y poco después en California, donde montó el laboratorio de informática del Xerox PARC. Pero antes de marchar aprobó la financiación de un proyecto de Norman Abrahamson para conectar, vía radio y usando la conmutación de paquetes, las sedes de la Universidad de Hawai, ubicadas en islas diferentes. El proyecto recibió el nombre –no podía ser de otro modo– de Alohanet y sirvió para demostrar que la conmutación de paquetes también era útil para comunicaciones por radio, sin olvidar que es el proyecto que inspiró a Bob Metcalfe para hacer Ethernet.

El experimento de Abrahamson abrió la posibilidad de tener acceso a la red en movilidad, y Roberts, ahora como director de la IPTO, empezó a trabajar en ello. Pero pronto se dieron cuenta de que el sistema era económicamente inviable a causa de las limitaciones técnicas de la radio, que hacían necesaria una densa red de estaciones repetidoras. Sin embargo, eran los tiempos de los satélites artificiales y, aunque fueran esencialmente de uso militar, permitían las comunicaciones a larga distancia sin necesidad de estaciones repetidoras. Así se llega a la red SATNET, con Robert Kahn –uno de los creadores, con Vint Cerf, del protocolo TCP/IP– como líder del proyecto.

Una vez que fue posible la conexión vía satélite, el problema era como conectar SATNET a lugares que tuvieran contenido, es decir, recursos para compartir. Y Kahn lo vio claro: había que conectar SATNET y ARPANET. Por otro lado, en Estados Unidos, algunas corporaciones habían empezado a desplegar sus redes; Donald Davies iba progresando con la suya en el Reino Unido y en Francia había empezado también a desplegarse una red nacional. Por consiguiente, lo que hacía falta era encontrar la manera de conectar estas redes entre sí y, con este objetivo, ARPA creó el Internetting Project, que es de donde sale el nombre de internet. En 1972 se constituye el International Network Working Group (INWG), con el cometido de establecer las bases para hacer posible esta idea de conectar redes de ordenadores, es decir, de la red de redes. Vint Cerf fue nombrado presidente de este grupo.

A partir de aquel momento, Kahn y Cerf empezaron a trabajar intensamente para resolver los problemas que planteaba el reto de conectar redes diferentes: aunque todas usaran la conmutación de paquetes, las características de cada una eran diferentes. No se limitaron a hablarlo entre ellos: fueron discutiendo el problema abiertamente con varios grupos, hasta que, hacia la primavera de 1973, ya tenían una idea bastante aproximada de cómo podía ser la solución. También ha quedado para la historia que este primer esquema fue plasmado en una servilleta de papel donde Cerf lo dibujó en el curso de una reunión que tuvo con Kahn en un hotel de San Francisco, que se alargó hasta la madrugada, lo que era bastante habitual en las reuniones que mantenían estos dos pioneros con el fin de buscar la solución al problema de conectar redes diferentes. Pocos meses después ya habían escrito el primer borrador del que se considera el artículo fundacional de internet, en el que describían el protocolo TCP/IP. Lo presentaron a un congreso en Brixton y de allí salieron algunas correcciones que incorporaron a la versión definitiva, publicada la primavera siguiente con el título "A Protocol for Packet Network Intercommunication".[33]

Es importante observar que, desde el primer momento, Cerf y Kahn plantearon la elaboración de estos programas como una tarea colaborativa, a la que invitaron a aquellas personas que estuvieran involucradas en la solución del problema, es decir, que más allá de la pura teoría de impulsar la conectividad entre ordenadores y redes para fomentar la colaboración entre personas, también la emplearon para hacer la tarea que les había sido encomendada. Este hecho capital puede ayudar a entender el éxito de internet, puesto que, desde el primer momento –y como no podía ser de otra forma– además de responder a estándares abiertos, contaba con la aquiescencia activa de los principales actores involu-

33 Cerf, V. G. y Kahn, R. E. (1974, 5 de mayo). *IEEE Trans on Comms*. Vol. Com.22, núm. 5, pág. 71-84. Disponible en http://www.cs.illinois.edu/~pbg/courses/cs598hace09/readings/ck74.pdf. Consultado el 10 de octubre de 2013.

crados en su construcción. Posiblemente esta es una de las principales razones que ayuda a explicar por que internet no tiene amo, por lo menos de una forma explícita.

Uno de los puntos clave de esta metodología abierta son los llamados "Requests for Comments" (RFC), una serie de documentos que empezaron con el objetivo de pedir su opinión sobre varios aspectos técnicos a los investigadores involucrados en el desarrollo de ARPANET. El primer RFC es de 1969 e iba firmado por Steve Crocker, compañero de estudios de Cerf. Los RFC siguen siendo un instrumento esencial de trabajo para la Ingeneering Task Force (IETF), creada en 1986 con el objetivo de hacerse cargo de la actualización, el mantenimiento y la promoción de los estándares de internet. En 1992, la IETF pasó a formar parte de la Internet Society (ISOC), una ONG creada aquel mismo año con la misión de "promover el desarrollo, la evolución y el uso de internet para el beneficio de todas las personas en todo el mundo" y de la que Vint Cerf fue el primer presidente. Posteriormente y a medida que internet fue creciendo, se fueron configurando otros organismos no gubernamentales que tenían por objetivo gestionar la red de redes. La estructura de gobernanza resultante conserva esencialmente –a pesar de algunas críticas–esta metodología colaborativa.

La intervención de Crocker en la tarea de mantener abierto el software de los primeros procesadores de mensajes fue crucial en 1973, cuando BBN empezó a considerar la posibilidad de crear una filial para comercializar este software. Siguiendo la tradición de los proyectos financiados por la ARPA, según la cual la propiedad intelectual de los programas desarrollados en este tipo de proyectos permanecía en la institución que lo había solicitado y donde se tenía que desarrollar, BBN se negó a entregar el código fuente de los procesadores de mensajes, para convertir esta propiedad en la principal ventaja competitiva de la nueva empresa. Pero BBN no tuvo en cuenta que ARPANET era un proyecto que había salido de la ARPA y, por consiguiente, no le correspondía la propiedad intelectual. Este fue el principal argumento de Crocker y que sirvió para facilitar la fantástica expansión de internet.

En 1973, Roberts dejó la ARPA para fundar TELENET, una empresa que tenía por objetivo comercializar la tecnología de la conmutación de paquetes. La idea de privatizar la red de la ARPA había aparecido en 1971, cuando esta agencia vio que el sistema funcionaba y que no podía asumir durante más tiempo los gastos de su mantenimiento. La ARPA se puso en contacto con AT&T y los directivos de esta empresa rechazaron la idea, con las mismas razones que habían esgrimido años antes para rechazar el proyecto de Paul Baran. Finalmente, ARPANET fue a parar a la Defense Communication Agency y se vio subsumida por la burocracia de este tipo de organismos. Afortunadamente, para la National Science Foundation los proyectos que involucraban ordenadores habían ido adquiriendo importancia, hasta que fue obvia la necesidad de crear su propia red, dado que a ARPANET solo podían acceder aquellas universidades o empresas que tuvieran contratos con la ARPA. El problema era que, más allá de los salarios, los investigadores más brillantes seleccionaban sus lugares de trabajo en función que las instituciones correspondientes estuvieran o no conectadas, lo que contribuía a aumentar las diferencias entre instituciones. Así nacen la CSNET y la NSFNET, las cuales, junto con otras redes –algunas corporativas– como BITNET, UUCP, USENET o SPAN, toman el relevo a ARPANET para convertirse en el núcleo de internet.

Otra batalla fue la de los estándares. Por un lado estaban los que representaban el TCP/IP, criticados por algunos de sus aspectos técnicos desde varios sectores. Por el otro, los de Open Systems Interconnection (OSI), mucho más consistentes según sus impulsores, nacidos justamente para resolver los problemas del primero. A pesar de que el Gobierno americano decidió adoptar OSI, este hecho no fue capaz de superar otra decisión, esta vez por parte de los desarrolladores del sistema operativo UNIX, de incorporar –de forma nativa– el TCP/IP para este sistema. No puede olvidarse que el UNIX había nacido en el seno de los laboratorios Bell con el objetivo de resolver algunas deficiencias de la mayoría de los sistemas operativos del momento, y muy en particular su falta de flexibilidad y portabilidad entre ordenadores diferentes. Pronto, en la Universidad de California en Berkeley desarrollaron su propia versión y la distribuyeron por todo el mundo, donde fue adoptada por muchas universidades, gracias a sus características y el tipo de licencia abierta con la que se distribuía. Así, la penetración de UNIX fue un factor decisivo para la victoria del TCP/IP sobre OSI.

Hacia la mitad de la década de los ochenta empezó la venta, por parte de empresas privadas, de direccionadores (routers) que permitían la conexión a internet de redes privadas. De ahí a la explosión de finales del siglo pasado solo hay un paso, el que facilitan la formidable expansión de los ordenadores personales, junto con el hecho de que, finalmente, las operadoras de telefonía vieron negocio en este nuevo medio de comunicación y empezaron a comercializar su acceso. Eso sí, primero esperaron a ver el éxito de algunos emprendedores que, sin las prevenciones de estas grandes corporaciones, habían empezado a poner internet al alcance de todo el mundo.

5. Los BBS

A menudo, cuando uno habla de la construcción de internet solo piensa en los pioneros que hicieron la parte física de la red, los protocolos y los programas que lo han hecho posible. Pero internet es mucho más que esta parte física, y por eso hay que tener presente la tarea de otros pioneros, como por ejemplo, los que contribuyeron a llenar de contenidos la red aprovechando las posibilidades de las nuevas formas de comunicar personas que abría la parte física. Naturalmente, entre estos hay personas como Ray Tomlinson y su *hack* que hizo posible el correo electrónico, o los que hicieron programas de conexión remota, como Telnet, o de intercambio de archivos, como ftp, o la parte más visible de internet cómo es la World Wide Web de Tim Berners-Lee y muchos otros que, con sus utilidades convirtieron internet en un lugar relativamente confortable y, sobre todo, para todo el mundo, sin distinciones.

Mientras estos pioneros dotaban de contenido a la gran red de redes de ordenadores corporativos de universidades, centros de investigación y grandes empresas, que Licklider, Taylor y el resto de personas involucradas habían puesto en marcha, otro grupo –al margen de estas instituciones– se afanaba en crear su propia red de ordenadores conectados, con unos principios muy diferentes y más al alcance de sus posibilidades y de las dimensiones de sus modestos equipos informáticos. No eran otros que algunos de los aficionados de los clubes de ordenadores personales, que habían descubierto que también podían conectar sus máquinas y así convertirlas en un instrumento esencial para el apoyo de comunidades on line, como las que describían Licklider y Taylor en su artículo de 1968 y que permitirían que la gente se agrupara no tanto por la proximidad geográfica sino por la proximidad de intereses. El apoyo físico para esta red eran las líneas telefónicas normales, las cuales, sea dicho de paso, no tenían mucho secretos para estos usuarios, más bien todo lo contrario.

El primer nodo de esta red, que fue puesto en funcionamiento en Chicago el 16 de febrero del año 1978, tenía por nombre *Computerized Bulletin Board System* (CBBS) y parece que lo que aceleró su aparición fue una gran nevada que cayó aquellos días en Chicago y que impidió a mucha de gente acudir a su puesto de trabajo. Entre estos estaba Ward Christensen, un técnico de IBM aficionado a los ordenadores personales. Dedicaba buena parte de su tiempo de ocio a jugar con esos aparatos y tenía las habilidades suficientes para diseñar sus propios programas cuando le surgía una necesidad. Como colega en estas aficiones tenía a Randy Suess, con quien a menudo intercambiaba archivos y programas. Un buen día de 1977, ante la necesidad de enviar un programa a Randy, optó por escribir XMODEM, un programa de transferencia de archivos basado en paquetes, simple en su concepción y fácil de usar. Este programa se convirtió en la pieza clave para resolver el problema de incomunicación que suponía la nevada en Chicago y tuvo la idea de usarlo para crear un tablón de anuncios virtual en un ordenador –situado en el sótano de su casa– conectado a la línea telefónica por medio de un módem.

El tablero digital desempeñaba el mismo papel que un tablero de corcho: los usuarios podían dejar mensajes y podían leer los de otros usuarios. La "C" de las siglas cayó pronto y el invento se quedó con el nombre de BBS, Bulletin Board System. En pocos meses, el primer BBS tenía más de once mil usuarios, algunos desde Europa y Australia, que debían pagar –o no– unas facturas considerables por las llamadas que hacían a Chicago. Pero el sistema tenía su qué: marcabas un número de teléfono y, de forma instantánea, tenías acceso a informaciones y otros recursos de tu interés, de forma personalizada. Si tenías una pregunta, la respuesta te podía llegar de forma inmediata. No había que esperar a que el diario o la revista llegaran a los quioscos. Por añadidura, muchas de las cosas que podías encontrar no era fácil que salieran en un medio tradicional. Estas experiencias, gracias a internet, hoy son habituales en la parte de mundo que tiene acceso, pero que en aquellos momentos solo estaban al alcance de unos pocos iniciados, que son los que abrieron el camino cuando internet llegó a los hogares.

Desde el primer BBS, los *hobbysts*, los aficionados de donde habían salido los ordenadores personales y que, en buena parte, eran los herederos de los *phreakers*, empezaron a desplegar sus propios BBS: hacia 1985 había, solo en Estados Unidos, unos 4.000 BBS conocidos. No puede olvidarse que eran ideales para mantener conectadas comunidades *underground*, dado que eran muy difíciles de controlar. Hacia 1990, ya había más de 30.000, y cinco años más tarde esta cifra se había doblado. El hecho es que montar un BBS era muy simple: solo hacía falta una línea telefónica normal, un ordenador personal que podía ser de segunda o tercera mano y un módem. En principio, y dado que el acceso era por vía telefónica, las zonas telefónicas marcaban las agrupaciones, ya que las llamadas locales eran gratuitas, aunque, para muchos de los miembros de las comunidades, el importe de las facturas telefónicas no era un problema que les preocupara en exceso. Para el titular del BBS, el único gasto era el mantenimiento de la línea telefónica y la tarea de mantener el sistema en funcionamiento.

Las conversaciones que se podían mantener en un BBS eran de muy diversa índole: desde grupos de ayuda y apoyo para aplicaciones y equipos específicos, hasta juegos y todo tipo de programas, sin olvidar aquellas herramientas que es ilegal usar, pero no tenerlas o distribuirlas, como sería el caso, por ejemplo, de los esquemas y otra parafernalia necesaria para construir *blue boxes*. Los alias eran la manera habitual para identificarse en un BBS, como lo fue más tarde en los chats, y lo había sido antes en el mundo de los phreakers, por lo que la mayoría de conversaciones de los BBS eran anónimas: no sabías quién eran tus interlocutores, solo sabías quién decían ser y, a veces, ni eso.

Los tableros fueron evolucionando y ganando en sofisticación y, cada vez más, para los aficionados empezaron a desempeñar el papel de barberías, cafeterías y otros lugares públicos de reunión. Diez años después del primer BBS, el sistema había evolucionado de tal manera que ya existían servicios –por ejemplo FIDONET– que daban acceso de forma cooperativa a un puñado de BBS distribuidos en todo el mundo. Hacia 1990, cuando internet llega a los hogares de la mano de los primeros proveedores de acceso, los BBS empiezan a ser sustituidos por el e-mail, los chats, los foros y otros servicios incluidos en la cuota de acceso.

Lo cierto es que la comunidad de los BBS estaba preparada para sacar provecho de internet, dado que era el apoyo ideal para sus actividades. En cada país, había un conjunto de expertos locales que lo habían hecho y sabían lo que sucedería a continuación. Seguramente, sin ellos, el despliegue de internet habría tenido una naturaleza muy diferente. Su contribución acostumbra a ser menospreciada por las historias oficiales, como también lo es la contribución de sus predecesores, los *phreakers* y los *hobbysts*, a la invención de los ordenadores personales. Posiblemente no sea un silencio involuntario, dado que no resulta fácil reconocer que un puñado de adolescentes indocumentados fueron capaces de trastocar, primero a la todopoderosa telefónica, y luego a la industria informática oficial. Por añadidura, fueron los primeros que vieron las posibilidades que internet ofrecía y los primeros que estaban preparados para sacar provecho del sistema. Cierto es que las tecnologías subyacentes fueron inventadas y desarrolladas por las industrias del momento, pero también es cierto que la forma en que hoy las usamos se debe al empujón y a la visión de estos pioneros que a menudo se situaban en los márgenes de la sociedad.

No tendría que costarnos tanto reconocerlo.

Telefonía móvil: Una cuestión de puntería

1. Magia y torpedos

Era uno de los últimos años del siglo pasado. Hacía relativamente poco que el uso de los móviles se había empezado a generalizar. Todavía solo servían para llamar por teléfono y enviar mensajes cortos, es decir, aún no eran "inteligentes" (*smart*) y no podían hacer fotos, ni navegar por internet, ni ninguna de esas cosas para las que se emplean hoy. Estábamos en la terraza de un bar, después de cenar, sentados y charlando tranquilamente. De repente, Enric, sin que viniera a cuento y dirigiéndose a mí, me pregunta: "¿Nunca dirías qué es lo que más me impresiona de los teléfonos móviles?". De entrada, lo único que pude hacer fue encoger los hombros y esperar pacientemente su confesión, que no se hizo esperar. "Pues lo que más me sorprende es la puntería del sistema. Sí, sí, la puntería. Mira, aquí –estábamos en un lugar en el que había mucha gente– hay muchos de móviles y si alguien te llama, sonará precisamente tu móvil y no otro. Debe ser muy difícil conseguir esta perfección, ¡parece magia!"

Portada de la revista American Heritage of Invention & Technology dedicada a Hedy Lamarr

Fuente: Archivo personal

Si Enric esperaba que esta profunda reflexión fuera seguida de alguna explicación técnica por mi parte que desmontara el carácter mágico que él había apuntado, creo que quedó decepcionado, porque lo que hice inmediatamente fue darle la razón y, prácticamente sin respirar, le expliqué que la tecnología de base que había hecho posible los primeros teléfonos móviles fue inventada por una actriz de cine, llamada Hedy Lamarr, conocida por haber protagonizado *Ecstasy*, una de las primeras películas comerciales, si no la primera, en la que aparece una mujer completamente desnuda. La cara de incredulidad de Enric y del resto de contertulianos no fue inferior a la que acostumbro a observar siempre que, desde que me enteré, poco antes del día de esta conversación, empiezo a explicar la historia de los orígenes de la tecnología de base de la telefonía móvil y, en general, de la mayoría de sistemas actuales de comunicaciones inalámbricas. La historia parece inventada y, por más que insisto en su veracidad, a lo sumo lo único que consigo es una sonrisa apacible de complicidad: "!Tú siempre andas bromeando!".

El hecho es que Hedy Lamarr, junto con el pianista George Antheil, patentaron, en 1942, un sistema seguro para teledirigir torpedos, que es el mismo, más o menos, que hizo posible, veinte años más tarde, tener conectados a las estaciones correspondientes los diferentes terminales de telefonía móvil que estuvieran en marcha. Está claro que, desde entonces, ha llovido mucho y la telefonía móvil ha evolucionado extraordinariamente, y ya queda poco de la idea inicial que estos dos personajes patentaron hace más de setenta años. Pero todavía son muchos los dispositivos de uso cotidiano que la utilizan, entre los que se encuentran los teléfonos inalámbricos y los sistemas de Bluetooth, entre otros.

Hedy Lamarr conocía el problema básico que tenían los sistemas de torpedos dirigidos por radio que no era otro que si el enemigo conseguía interceptar la frecuencia de control, entonces te podía devolver el torpedo. Parece que este conocimiento lo tenía por haber estado casada con uno de los mayores fabricantes europeos de armas, a quién acompañaba en sus reuniones y cenas de trabajo. Fue en estas cenas cuando tuvo conocimiento del problema que después le permitió diseñar su invento. Años después, divorciada de este fabricante y comprometida con la lucha antinazi, además de actuar para los soldados y vender bonos de guerra, fue cuando –con la ayuda del pianista– diseñó un método para implementar el sistema de saltos de frecuencia que hacía imposible las interferencias del enemigo y que, al fin y al cabo, es la tecnología que abrió el camino al actual boom de la telefonía móvil. Llegados a este punto, afortunadamente, tanto Enric como el resto de la pandilla dejan de estar interesados por la puntería del sistema telefónico y se interesan más por los detalles de la vida de Hedy Lamarr y, sobre todo, en el supuesto de que sea cierto, cómo he llegado yo a saber estas cosas tan extravagantes. El misterio es de fácil solución: en 1997, una ONG muy particular, llamada Electronic Frontier Foundation, otorgó a Hedy Lamarr y a su amigo pianista el premio anual a los pioneros de las fronteras electrónicas.

Vale la pena observar que este premio, otorgado por una organización expresamente dedicada a la defensa de las libertades civiles en el ciberespacio, no era tanto por el papel que asignaba a la tecnología en defensa de la democracia durante la Segunda Guerra Mundial, sino por el papel que esta misma tecnología puede desempeñar en la expansión de la democracia en el siglo actual. Hedy Lamarr nunca cobró nada por la patente, entre otras razones porque su explotación comercial no empezó hasta el día siguiente de haber caducado, cuando la capacidad de cálculo de los ordenadores ya hacía viable el sistema. Por consiguiente, y más allá de los detalles anecdóticos, no deja de ser un acto de justicia que se explique a diestro y siniestro la contribución de esta mujer, sin ningún tipo de formación tecnológica, solo con una firme convicción democrática y la ayuda de los conocimientos de un pianista. Ha tenido que pasar más de medio siglo para que dejemos de identificar a Hedy Lamarr solo con una actriz bonita que fue de las primeras a desnudarse en el cine.

En cualquier caso, no deja de ser sorprendente que precisamente una actriz de cine y un pianista vanguardista, obstinado en hacer música usando artefactos mecánicos, sean los dos titulares de una patente de un sistema de comunicaciones que se ha convertido en un dispositivo clave en nuestra sociedad y, que, por añadidura, estaba inicialmente pensado para controlar torpedos de forma remota y segura: ¿Cómo llegan estos dos personajes a plantearse este problema? ¿Donde habían obtenido el conocimiento necesario para entender la naturaleza del problema y poder ofrecer una solución? ¿Quién era una y quién era el otro? ¿Cómo habían llegado a conocerse? ¿Qué son los saltos de frecuencia y que tienen que ver con la telefonía móvil? A continuación pueden encontrar las respuestas a estas preguntas, empezando por la invención de los controladores remotos de objetos en movimiento.

2. El hombre que inventó el siglo XX (y parte del XXI)

Aquella tarde de noviembre de 1898 los espectadores que habían acudido al Madison Square Garden quedaron realmente sorprendidos por lo que acababan de ver. El espectáculo no les había decepcionado lo más mínimo, a pesar de que algunos no acababan de estar seguros de que no les hubieran engañado con algún truco de magia, lo que no les hubiera venido de nuevo, dada la fama del convocante. Habían acudido al acontecimiento porque sabían que este tenía por costumbre sorprender a sus auditorios con efectos espectaculares que usaban la electricidad, como, por ejemplo, encender una luz solo cogiéndola con la mano, o hacer salir chispazos de sus manos como si fueran pequeños rayos. Lo cierto es que la fama precedía a Nikola Tesla allá donde fuera, precisamente por la espectacularidad de sus demostraciones. Aquel día había hecho instalar un estanque en el Garden y había puesto a navegar un pequeño barco a escala controlado remotamente usando ondas de radio, según él mismo explicó a los atónitos espectadores. Los asistentes habían podido ver como el barco evolucionaba de acuerdo con las instrucciones que Tesla le iba enviando a partir de un aparato que estaba en uno de los bordes del estanque. Dicho de otro modo, seguramente habían asistido a la primera demostración en vivo y en directo de un sistema que servía para controlar remotamente objetos en movimiento. Ya desde el primer momento quedó claro que aquel invento podía servir para teledirigir objetos muy diferentes del juguete que era el barco a escala de la demostración, dado que un periodista le preguntó a Tesla si su sistema también podría servir para controlar torpedos remotamente. A Tesla no le gustó mucho la pregunta ya que contestó de forma airada, recriminando a quien la había hecho su cortedad de miras, puesto que su sistema era el preludio de lo que podían llegar a ser los primeros robots. Además, Tesla lo había bautizado con el nombre de Teleautomatón. El tiempo, pero, acabaría dando la razón –en parte– al periodista.

De entre todo lo que puede decirse de Nikola Tesla, acaso lo más apropiado es que fue la persona que se inventó el siglo XX. Sí, el XX, el pasado. Este título se debe a que con sus inventos –más de un centenar de patentes– hizo posible que la energía eléctrica llegara a convertirse en lo que es hoy: la base sobre la que está montada nuestra civilización. El modelo de comercialización y distribución actual de electricidad –grandes centros de producción separados de los de consumo– se debe en buena parte a un sistema inventado y patentado por él. Sin este invento, seguramente habría acabado por imponerse el modelo propugnado por Edison, que requería que los centros de producción estuvieran cerca de los de consumo, lo que habría significado un modelo mucho más descentralizado y, ciertamente, más caro, a pesar de que probablemente nos habría ahorrado las dudas sobre los efectos sobre la salud que hoy generan los campos electromagnéticos asociados a transformadores y líneas de alta tensión.

La demostración de Tesla en el Madison Square Garden

Fuente: Wikimedia Commons

Pero Edison, que en 1884 había contratado a Tesla cuando este había llegado a Estados Unidos procedente de París, cometió dos errores: primero, minusvalorar las posibilidades del motor de corriente alterna y, dos, prometer cincuenta mil dólares a Tesla si arreglaba el diseño y el funcionamiento de los generadores de corriente continua, cosa que Tesla hizo sin que Edison cumpliera su parte, con el débil argumento de que no había sido capaz de entender que la promesa era una broma. Tesla debía tener un sentido del humor muy diferente al de Edison, dado que pocos días después renunció a su puesto de trabajo y montó su propia empresa, lo que le permitió retomar abiertamente sus inventos sobre la corriente alterna: el motor y los transformadores que hacían posible un sistema de distribución para esta forma de corriente eléctrica mucho más eficiente y viable que el de Edison. Así empieza la que es conocida como la guerra de la electricidad, entre Edison, es decir, corriente continua, y Tesla que propugnaba la corriente alterna. Westinghouse, el más feroz competidor de Edison, se aprovechó de esta disputa y así pudo completar el despliegue de su modelo de red eléctrica basada en corriente alterna, convertida en más competitiva que la red de Edison gracias al ingenio de Tesla.

Hoy ya sabemos quién ha ganado: el tipo de corriente que es más fácil de transportar de un lugar al otro y, en consecuencia, permite montar todo el sistema eléctrico a partir de unos pocos centros de producción y distribuirlo por todas partes. Por el contrario, el sistema de Edison requería una cierta proximidad entre los centros de producción y los consumidores, puesto que su transporte se tenía que hacer con cables mucho más gruesos, caros y difíciles de montar. Edison había patentado la bombilla, el fonógrafo y tantas otras cosas, pero veía venir que otro sacaría provecho, puesto que el negocio estaba realmente en el suministro de la electricidad necesaria para hacer funcionar todos estos aparatos. La invención del motor de corriente alterna y de los transformadores dio el golpe de gracia al sistema de Edison.

Una de las batallas más esperpénticas tuvo como protagonista la silla eléctrica, inventada en medio de esta guerra.

A pesar de que era público y notorio que Edison estaba en contra de la pena de muerte, invirtió todo su prestigio a atacar la corriente alterna usando como argumento la ejecución por electrocución de los condenados a muerte. Así, por un lado, recomendó por escrito que "el aparato más apropiado para este objetivo es esta clase de maquinaria electrodinámica que emplea corrientes intermitentes. Las más efectivas son las conocidas como máquinas alternas. El paso de la corriente de estas máquinas a través del cuerpo humano, incluso por medio de los contactos más suaves, produce la muerte instantánea"[34]. Este escrito iba dirigido a la comisión que se había formado en el estado de Nueva York para determinar un método de ejecución "más humano" y Edison fue requerido para dar su opinión sobre el tema, momento en que no tuvo ningún reparo en recomendar que se usara la electricidad, eso sí, de corriente alterna. Por otro lado, un oscuro personaje llamado Brown –ayudante de Edison– se encargó de electrocutar a todo perro y gato que correteara libremente por los alrededores de uno de los laboratorios de Edison, para demostrar que la corriente alterna era más mortífera que la continua. Una muestra del método "científico" del tal Brown: primero aturdía los animales con descargas de corriente continua y, después, los remataba con corriente alterna. Parece que nunca procedió al revés.

El hecho es que el sistema rival, el de Tesla y Westinghouse, estaba ganando terreno y copando el mercado. Para cambiar esta tendencia, y como estrategia comercial, se trataba de hacer creer que el sistema de la competencia, que requería

34 J. F. Penrose. «Inventing Electrocution». *American Heritage of Invention & Technology*. Vol. 9, nº 4, 1994, pág. 34-45.

una infraestructura mucho más económica, simple y viable que la de Edison, era peligroso para el usuario e incluso mortal. De este modo, favorecía su sistema, que estaba tratando de vender a diestro y siniestro para iluminar calles de cualquier ciudad que quisiera incorporarse a la modernidad. Por añadidura, los seguidores de Edison que propugnaban la silla eléctrica de corriente alterna propusieron también que lo que ahora se denomina electrocutar, se llamara westinghousear, en honor al líder de la competencia. Siempre nos quedará la duda de si Edison creía de verdad que la corriente alterna era más peligrosa que la suya. A mí siempre me han dicho que sí. Pero, después de saber todo esto, prefiero no experimentar calambres de ninguna de las formas de corriente, por si acaso.

Edison y los suyos ganaron esta batalla, dado que la primera ejecución con silla eléctrica se hizo, en 1890, con corriente alterna, pero perdieron la guerra, en buena parte gracias al hecho que Westinghouse –con la indispensable colaboración de Tesla– ganó el concurso para iluminar la gran exposición de Chicago de 1893. El encargo fue un éxito total, de forma que disipó cualquier duda que pudiera haber respecto de la peligrosidad de la corriente alterna. Poco tiempo después, Tesla pudo hacer realidad su sueño de niñez de convertir la energía de la caída de las aguas de las Cascadas del Niágara en electricidad, que fue empleada para iluminar la ciudad de Búfalo.

Nacido en Croacia en 1856 una noche de rayos y truenos, Tesla inventó muchas otras cosas, a pesar de que no parece que llegara a sacar mucho provecho, ya que murió en enero de 1943, a los 86 años, prácticamente como un indigente. Había mal vendido sus patentes persiguiendo su gran última idea, en la que invirtió grandes esfuerzos y todo el dinero que consiguió reunir, y que parecía –todavía hoy– más cosa de magia que una posibilidad real: transmitir energía eléctrica a distancia sin hilos. Igual que en el caso de Westinghouse, a cambio de sus patentes, consiguió apoyo financiero del banquero J. P. Morgan para construir dos torres con este objetivo, una de ellas en Nueva York, pero se le acabó el dinero que había obtenido del banquero y parece que este ya no le interesaban otras patentes de Tesla.

Tesla en su laboratorio, rodeado de chispazos

Fuente: http://thevelvetrocket.com

Todo ello sin olvidar que, finalmente, Morgan se había dado cuenta de que si la idea de Tesla acababa materializándose no habría forma de cobrar a los usuarios por el consumo de la electricidad distribuida inalámbrica, es decir, que no podría ganar dinero con el invento. Al final, las torres fueron destruidas por el ejército americano que tenía miedo que fueran empleadas por los espías alemanes, un miedo que puede ayudar a explicar también por qué unos supuestos agentes del Gobierno americano, la misma tarde de la muerte de Tesla, se personaron en el oscuro hotel donde este había pasado los últimos años de su vida y requisaron todos sus papeles, para evitar que sus inventos pudieran caer en manos del enemigo. Estos hechos posiblemente ayudaron a ensombrecer prácticamente hasta el olvido, la figura y la obra de este genial inventor, que no ha empezado a ser reconocido hasta medio siglo después de su muerte. Otro factor que contribuyó a esta situación fue su enfrentamiento con Edison, lo que, además, seguramente les privó a los dos de obtener el premio Nobel por sus invenciones relacionadas con la electricidad.

El caso es que, en su obsesión por encontrar la manera de transmitir electricidad inalámbrica a distancia, Tesla descubrió la radio y registró la correspondiente patente en 1897 bajo el nombre de "Sistema de transmisión de energía eléctrica", que le fue otorgada en 1900. De hecho, la exhibición del controlador remoto del Garden de 1898 no era otra cosa que una aplicación de las posibilidades de su sistema de transmisión inalámbrica de energía. Tesla no explotó estas patentes, pero esta vez, la oficina de patentes actuó inicialmente como corresponde cuando Marconi intentó registrar su patente de radio en Estados Unidos. Tres veces la oficina de patentes negó el registro a Marconi, en base a los derechos prioritarios de la patente de Tesla. Aun así, la oposición duró solo tres años, dado que alrededor de Marconi se aglutinó un potente grupo de inversores –entre los cuales estaba Edison– que tenía por objetivo desarrollar la radio tal como la entendía Marconi, lo que puede ayudar a explicar que la oficina de patentes, en 1904, revocara la patente de Tesla y otorgara los derechos de prioridad a la de Marconi.

Torre de Tesla en Nueva York

Fuente: http://thevelvetrocket.com

Tesla tenía otras obsesiones y no actuó ante esta decisión hasta que, en 1911, le fue otorgado el Nobel a Marconi, no tanto por la radio, como por ser el responsable de la primera comunicación inalámbrica entre Europa y América. Pero los intentos de Tesla de recuperar los derechos sobre su patente toparon con la fuerza del grupo de inversores que apoyaba a Marconi y no pudo hacer nada. La ironía de la historia es que, al finalizar la Primera Guerra Mundial, la empresa de Marconi intentó cobrar del Gobierno americano los derechos que le correspondían por el uso que había hecho el ejército de sus patentes durante la guerra. Ante la negativa del Gobierno, el asunto acabó en un larguísimo pleito en los tribunales, que no fue sentenciado hasta 1943, que fue cuando el Tribunal Supremo adoptó la decisión de resolver el problema de una forma brillante: revocó la patente de la radio de Marconi y la devolvió a Tesla, quién había muerto aquel mismo año. Eso sí, la decisión solo afectaba a la demanda específica de la empresa de Marconi contra el Gobierno y no al resto de los mortales, es decir, a las empresas que se habían montado gracias al desarrollo de la radio.

La oposición de Tesla al hecho de que su sistema de control remoto pudiera ser empleado para dirigir torpedos no fue suficiente para evitar que en 1908 un oscuro inventor, Harry Shoemaker, registrara una patente que tenía justamente ese objetivo: un sistema para dirigir remotamente torpedos que usaba señales de radio. El invento no tuvo mucho éxito, entre otras razones porque, en aquel momento, los torpedos eran impulsados por aire comprimido y no había lugar para los dispositivos eléctricos que necesitaba el sistema, lo que no impidió que varios gobiernos lo tomaran en consideración.

La relación de los inventos de Tesla con lo que después serían las técnicas que harían posible la telefonía móvil y la invención del sistema de comunicaciones de Hedy Lamarr y George Antheil no acaba, sin embargo, con los controles remotos. El propio Tesla abrió el camino para los saltos de frecuencia –la técnica que implementa la patente de Lamarr y Antheil– gracias a otra patente que tenía por objetivo evitar interferencias en las comunicaciones por radio. Fue registrada con el título de "Método de señalización" y se presenta como un ingenioso circuito que permite cambiar de frecuencia tanto al receptor como al emisor cuando se producen interferencias, en lo que sería un primer sistema de saltos de frecuencia.

Esta patente chocó con otra de Reginald A. Fessenden que tenía el mismo objetivo y seguía técnicas similares. Después del proceso correspondiente, la oficina de patentes reconoció la prioridad de Tesla, lo que no impidió que la técnica de Fessenden fuera recogida en un libro alemán, *Wireless*

Telegraphy, publicado en inglés en 1915.[35] En este libro, que fue el manual básico sobre el tema durante años en muchas universidades de ambos lados del Atlántico, el método de Fessenden se explica como una solución al problema de conservar el secreto en los mensajes enviados por radio. Parece que los alemanes lo emplearon con éxito durante la Primera Guerra Mundial y que los aliados, a pesar de disponer de la información correspondiente, no lo conocían y no fueron capaces de aplicar contramedidas. La lección, cuando menos, les sirvió para no caer en la misma trampa durante la Segunda Guerra Mundial y así pudieron descifrar el código de la máquina Enigma con las aportaciones del genio de Alan Turing y de la máquina Colossus, uno de los primeros ordenadores electrónicos de este lado del Atlántico.

En definitiva, el control remoto por ondas de radio de objetos en movimiento había sido inventado por Tesla en 1898, había sido aplicado para controlar torpedos por Shoemaker en 1908, y el mismo Tesla y Fessenden habían inventado métodos para evitar las interferencias en las comunicaciones por radio basadas en saltos de frecuencia, es decir, cambiar la frecuencia de control cuando se detectaban interferencias. Estos cambios de frecuencia estaban limitados a dos frecuencias, la primaria y la alternativa, a pesar de que Tesla, en su patente, argumenta que su método puede manejar hasta ocho frecuencias.

Estos son, a grandes rasgos, los antecedentes que había sobre este tema y de los que, probablemente, Hedy Lamarr

35 Zenneck, J. A.W. y Seelig A. E. (1915). *Wireless Telegraphy*. Nueva York: McGraw-Hill. Disponible en https://archive.org/details/wirelesstelegrap00zennrich. Consultado el 2 de noviembre de 2013.

había oído hablar en las comidas de negocio que organizaba su primer marido, el fabricante y traficante de armas austríaco.

3. La mujer más bella del mundo

Hedy Lamarr es el nombre artístico de Hedwig Eva Maria Kiesler, nacida en 1914 en Viena. Hija única de un banquero y de una concertista de piano, la suya fue una niñez feliz, posiblemente la época más feliz de su vida, según ella misma reconoció muchas veces. Su padre la adoraba y, en los frecuentes y largos paseos que hacían por Viena, le explicaba como funcionaban las cosas que iban viendo, una actividad que alimentó la curiosidad de la niña. El carácter más estricto de su madre no fue obstáculo para que Hedwig –Hedi– dedicara buena parte de sus juegos de niñez a su sueño de convertirse en actriz, de forma que a menudo montaba un escenario en el despacho de su padre y actuaba para ella sola o para quién cogiera desprevenido.

Las biografías de Hedy Lamarr –Hedi Kiesler– que se pueden encontrar están llenas de anécdotas que parecen más el resultado de los esfuerzos de creativos publicitarios –y de ella misma– que otra cosa y, a menudo, resulta difícil discernir la realidad de lo que es pura licencia poética, por decirlo de una manera suave. En cualquier caso, cuando tenía unos dieciséis años, deslumbrada por su obsesión de convertirse en actriz, Hedi abandonó la escuela y se enroló en una compañía de teatro para aprender el oficio. Su madre se opuso, pero su padre, que no le podía negar nada, consintió. En 1931, tras unos años en Berlín como aprendiz de actriz, vuelve a Viena donde empieza a hacer pequeños papeles en varias películas. Un año después le llega su oportunidad: el papel protagonista en una película checa que, de entrada, era un drama romántico al uso de la época. Hedi aceptó con los ojos cerrados, posiblemente sin fijarse mucho en el guión y sin pedir consejo a nadie.

Cuando todavía no tenía dieciocho años, en 1932, empezó el rodaje y, un buen día, se enteró de que se tenía que desnudar completamente para rodar unas escenas bañándose en una laguna. Por si fuera poco, el guión exigía que, al salir del agua, hiciera una carrera persiguiendo al caballo que llevaba su ropa. De entrada se negó a desnudarse, pero sin ningún tipo de apoyo por parte de algún acompañante más experimentado y con la promesa de que la cámara estaría fuera, no le quedó más remedio que aceptar. El día del estreno descubrió, con gran disgusto, que el director no había mencionado el teleobjetivo que incorporaba la cámara para filmar aquellas escenas. *Ecstasy*, título de la película, se convirtió en un escándalo internacional, y en muchos países fue prohibida, no tanto por la desnudez de la actriz, como por la trama, un triángulo amoroso, formado por una esposa joven e insatisfecha, un marido mayor, la infidelidad con un joven ingeniero, el suicidio del marido engañado y el rechazo final del amante por parte de la mujer, una vez conseguido su objetivo.

Vista con ojos de hoy, seguramente sería apta para ser exhibida en la televisión en horario protegido –de hecho yo he podido ver cosas bastante más explícitas en esta franja horaria– pero la sociedad de los años treinta, incluso la europea, no estaba en condiciones de aceptar así como así una historia con la trama y las imágenes que contendía la película. Todo ello sin olvidar que, a parte de la desnudez, también puede adivinarse, por primera vez en una película no pornográfica, un orgasmo femenino, que, sea dicho de paso, obviamente era simulado: se ve que no quedó otro remedio que, sin previo aviso, pinchar con una aguja en un muslo de la actriz para conseguir algo de realismo.[36] Evidentemente, ni el padre ni la madre de Hedwig quedaron satisfechos con la película, por más que ella tratara de calmarlos con el argumento de que se trataba de arte.

Ecstasy fue, a partir de aquel momento, una pesada carga para Hedi, que no la abandonaría durante el resto de su vida. Años más tarde, escribió un libro autobiográfico, *Ecstasy and Me*[37], dedicado a renegar de todo el que pudiera hacer referencia a este desafortunado episodio de su juventud. Incluso llegó a repudiar el libro, ya que, al cabo de unos años, interpuso una demanda contra la editorial, con el argumento de que ella no lo había escrito. Sea como fuere, al poco del rodaje y antes del estreno de la película, Hedi consiguió el papel de Sissí en una obra de teatro que se representaba en Viena. En este momento se produce un hecho capital para su vida. Un empresario, propietario de una de las fábricas de armamento más importantes de Europa, la ve en el teatro y se enamora de ella. Fritz Mandl, nombre de este empresario, empieza a ir cada día al teatro y la inunda de flores. Puesto

36 Esta escena está disponible a http://vimeo.com/62124101 Consultado el 15 de enero de 2014.

37 Lamarr, H. y Guild, L. (1966) *Ecstasy and Me. My Life as a Woman*. Fawcett Crest Books.

que ella no le hace mucho caso, Mandl hace intervenir a su madre y Hedi consiente a recibirlo en casa de sus padres. Pronto, aquella niña de diecinueve años, queda subyugada por el carácter y las buenas maneras de aquel empresario rico y educado y, finalmente, se casan en agosto de aquel mismo año.

Hedi no tardó mucho en darse cuenta de que la pesadilla que había supuesto *Ecstasy* no tenía nada que ver con lo que le ocurría en el matrimonio. Fritz Mandl resultó ser un hombre posesivo y extraordinariamente celoso, especialmente a partir de que se enteró de la existencia de la película, meses después de la boda. Gastó una fortuna intentando comprar todas las copias de la película, lo que no hizo otra cosa que aumentar el interés por esta. Hedi se encontró en una jaula de oro, rodeada de criados que, según decía, la vigilaban y espiaban todos sus movimientos. Por supuesto no podía actuar y el único contacto que tenía con el mundo exterior eran las frecuentes comidas de negocios que hacía su marido, en las que se reunía la flor y nata de los fascistas y los nazis de la época. La fábrica de Mandl suministraba armamento a Alemania, Italia y Hungría, contraviniendo las prohibiciones derivadas de los convenios del final de la Primera Guerra Mundial. Parece que el propio Mussolini fue uno de los invitados a una de estas comidas. El punto interesante para la historia es que sus interlocutores, empezando por su opresivo marido, veían en ella solo a la chica bonita que adornaba la mesa, sin ser conscientes de que detrás de aquella capa se escondía una persona muy inteligente y perceptiva, capaz de entender la mayor parte de las conversaciones que se mantenían.

Póster anunciando una proyección de Ecstasy

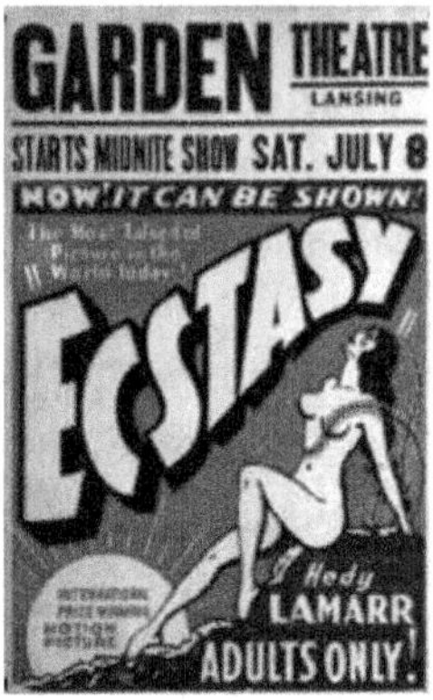

Fuente: http://lrnarts-lrnarts.blogspot.com.es

Una de las preocupaciones de Mandl era conseguir hacer torpedos teledirigidos por radio y la cuestión se trataba a menudo en estas comidas. Así, Hedi supo que este tipo de torpedos podían ser una solución mucho más eficaz que los torpedos soltados libremente o dirigidos con un cable, cuya longitud limitaba mucho el alcance. También fue en estas comidas donde se enteró de que el gran inconveniente de la radio era que el enemigo podía interceptar fácilmente la frecuencia de control y, dadas las características de las ondas de radio, que por más potente que fuera el controlador, a medida que se acercara al objetivo, la ventaja sería siempre de quien estuviera más cerca del torpedo. Era un problema difícil de resolver, pero valía la pena dedicarle esfuerzos. También supo que los alemanes disponían de un sistema que empleaba dieciocho frecuencias de control diferentes, con el objetivo de poder dirigir hasta dieciocho torpedos en el mismo escenario de batalla. Ahora bien, se trataba de dieciocho frecuencias estáticas: una vez fijada la frecuencia y lanzado el torpedo, no había manera de cambiarla. Hedi fue acumulando todo este conocimiento y, curiosa como era, empezó a pensar en una solución al problema de las interferencias para los torpedos, una solución que, por supuesto, nunca habría comentado ni ofrecido a su marido.

La situación del matrimonio era cada día más insostenible, hasta que Hedi, posiblemente a partir de una pelea con Mandl relativa al deseo de aquella de volver a los escenarios, decidió forzar la situación y desobedeció abiertamente al marido. Esto los llevó al divorcio, parece que pedido simultáneamente por los dos. A continuación Hedi huye, en 1937, primero a Londres –vía París– y luego a Hollywood. Sin embargo, en este punto, la versión que Hedi difundió es mucho más rocambolesca y de película. Prisionera como dice que estaba, se las ingenió para conseguir contratar a una secretaria personal que se le pareciera físicamente, cultivó su confianza y, el mismo día en que la secretaria tenía que marcharse a París para reunirse con su prometido, Hedi le dio somníferos con el té, se vistió como ella y aprovechó sus papeles y billetes para irse a París donde, por añadidura, habría presentado una sarcástica demanda de divorcio contra Mandl por abandono del hogar. No hay ninguna duda de que esta versión es mucho más encantadora y sugerente, pero hay bastantes elementos que la hacen más bien increíble y más apropiada para una película de espías.

Sea como fuere, con este bagaje, Hedi llega a Londres dónde es presentada a Louis B. Mayer, el hombre más poderoso de Hollywood, quien, a guisa de presentación, le recrimina su intervención en Ecstasy, con el argumento de que el culo de una mujer solo puede verlo su marido y no tiene que irse enseñando a los espectadores. Mayer le ofrece un contrato ridículo, que ella rechaza con toda la dignidad del mundo. Decidida como era, Hedi se las arregló para embarcar en el mismo barco –el Normandie– que llevaba a Mayer de regreso a Estados Unidos, donde supo captar su interés –y el de todos los pasajeros masculinos que había a bordo–, de modo que, finalmente, Mayer le ofreció un contrato bastante más razonable en cuanto a su duración y retribución, que Hedi aceptó. Una de las cláusulas del contrato era que tenía que aprender inglés y la otra que tenía que cambiarse el nombre por uno más artístico. La mujer de Mayer intervino con una propuesta-homenaje a una actriz que había muerto joven. Así, aquella chica de Viena, que huía de su prisión personal y de la barbarie que estaba a punto de arrasar Europa –no puede olvidarse que era judía– y que se había embarcado con el nombre de Hedwig Eva Maria Kiesler, llegó a Ellis Island con el nombre que ya no abandonaría nunca más, por lo menos en su vertiente pública: Hedy Lamarr.

Inicialmente, la vida en Hollywood no fue fácil para Hedy, primero a causa de su acento y, segundo, a causa de su belleza, una combinación que jugaba en contra de ella, ya que por su físico era más que conveniente para papeles de protagonista, pero que su acento limitaba. Los estudios de cine la habían etiquetado como "la mujer más bella del mundo" y ciertamente lo debía ser, lo que no era un impedimento para que ella, seguramente espoleada por algún comentario jocoso de Louis B. Mayer, sufriera un complejo relevante para sus aspiraciones: estaba convencida de que la parte superior de su torso era manifiestamente mejorable, es decir, que sus pechos eran demasiado pequeños. Este hecho, al fin y al cabo, también fue crucial para que inventara un sistema secreto de comunicaciones.

Al cabo de seis meses de haber llegado a Hollywood, consiguió que Mayer la cediera a otra productora para protagonizar, con Charles Boyer, *Algiers*. La película, estrenada en

1938, fue un éxito y los espectadores quedaron abrumados por la belleza de Hedy. De hecho, *Algiers* inspiró la mítica *Casablanca* a Warner Brothers, que habían encargado el guion pensando en Hedy como protagonista, pero, al final, Mayer no la quiso ceder, seguramente celoso por el éxito de su estrella con películas de otras productoras, mientras que la suya era incapaz de encontrar una. Por cierto, *Casablanca* es también un ejemplo curioso de cómo funciona la propiedad intelectual: claramente "inspirada" en *Algiers*, cuando los hermanos Marx estrenaron la parodia *Una noche en Casablanca*, en Warner no tuvieron ningún reparo en amenazarlos con una denuncia de infracción de los derechos de autor por emplear *Casablanca* en el título de la película. Esto generó una respuesta por parte de Groucho, en la que decía, entre otras pequeñeces, que los Marx eran hermanos mucho antes de que lo fueran los Warner y que, si seguían adelante con la denuncia, ellos interpondrían la suya por emplear la palabra hermanos en el nombre de su empresa.

Foto publicitaria de Hedy Lamarr, hacia 1930

Fuente: Wikimedia Commons

Hedy actuó en más de veinticinco películas y compartió los títulos de crédito con actores tan reconocidos cómo Clark Gable, James Stewart, Spencer Tracy y Victor Mature. Con este último protagonizó *Samson and Delilah,* estrenada en 1949. Esta fue la primera película en color que hizo Hedy y, según sus biógrafos, su preferida, a pesar de que es de esperar que no lo fuera por las habilidades interpretativas de Mature. Era tan notoria su falta de dotes que incluso él mismo se permitía el lujo de bromear sobre ello: parece que pidió ser admitido en un exclusivo club anglosajón, solicitud que le fue denegada con el argumento que la política del club era no aceptar ni actores ni artistas entre sus miembros. Victor Mature contestó que difícilmente podían aplicarle esta norma ya que las críticas que adjuntaba, y que habían sido publicadas en importantes medios de comunicación, aseguraban que él no era actor ni lo sería nunca.

Por su parte, el inefable Groucho Marx, después de ver *Samson and Delilah* hizo un de sus comentarios cáusticos que deja claro que, acaso, el problema de Hedy relativo al tamaño de sus pechos era algo más que un complejo: "Es la primera película que veo en la que el protagonista masculino tiene los pechos más grandes que la protagonista femenina". Y es que, por difícil que pueda parecer, la perfección total es difícil de alcanzar, incluso, para Hedy Lamarr.

Cartel de Samson and Delilah

Fuente: http://www.claqueta.es

La última película en la que actuó Hedy, *The Female Animal,* se estrenó en 1958. Después se retiró en Florida donde se dedicó a pintar y a inventar cosas, hasta que murió en 2000. Otra ocupación de estos años fue pleitear contra todo el mundo que usara su imagen o su nombre. Parece que también tenía debilidades cleptómanas que le generaron algún problema legal. Durante los últimos años de su vida, vivía completamente recluida en su casa y solo se comunicaba con el mundo exterior a través del teléfono. Se había casado cinco veces más y tenía tres hijos, dos biológicos y uno adoptado. Hasta el año 1981, cuando dejó de ser un secreto militar, no se supo que esta actriz, cuando todavía era la mujer más bella del mundo, había patentado en 1942, junto con un músico vanguardista, un sistema de comunicaciones que, a la larga, resultó clave en el despliegue de las comunicaciones inalámbricas, empezando por la telefonía móvil. Es un hecho que añade otra perspectiva a una frase que se atribuye a Hedy Lamarr: "Cualquier chica puede tener glamour. Todo lo que tiene que hacer es quedarse quieta y poner cara de estúpida".

4. El músico vanguardista

A George Carl Johann Antheil, George Antheil, se le reveló la vocación musical bien pronto. Nacido en Trenton (Nueva Jersey) en 1900, era hijo de una pareja de emigrantes prusianos. El padre era un viajante de zapatos que acabó estableciéndose en esta ciudad e instalando allí una tienda. Parece que a George, la influencia musical le venía de un tío que era músico profesional, a pesar de que hay una versión más interesante y, por consiguiente, menos creíble, de los orígenes de esta vocación: un día llegaron unas vecinas nuevas, dos señoras maduras que, durante unos meses, se pasaban el día –y parte de la noche– aporreando un piano. Las señoras y el piano desaparecieron el día antes de que se descubriera una fuga de la prisión de Trenton, que era el edificio que había enfrente, en la misma calle. Las sonatas –para una fuga– de las señoras habrían sido solo un ruido para tapar los provenientes de las excavaciones del túnel que había facilitado que los presos se escabulleran.

George no tenía todavía cuatro años cuando pidió un piano de verdad como regalo de Navidad. Los padres le consiguieron uno de juguete y el niño ya mostró hacia donde iban sus tendencias cuando cogió el juguete, se lo llevó al sótano y lo destrozó con un hacha. Lo había dicho muy claro: quería un piano de verdad y no un juguete. Este fue uno de los primeros hitos para justificar el apodo que él mismo se asignó posteriormente: *bad boy of music*[38] ('el chico malo de la música'). Tuvo una adolescencia normal para los estándares de la época, con las ocupaciones propias de un lugar como Trenton, hasta que, a los dieciséis años, decidió dejar los estudios e irse a Filadelfia a estudiar composición con Constantine von Stemberg, un alumno de Liszt. Luego fue a Nueva York para estudiar con uno de los mejores compositores de la época, Ernest Bloch. La economía de George flaqueaba hasta el punto que, para poder pagarse las lecciones, tenía que renunciar a comer. Esta circunstancia le proporcionó la primera gran lección de su vida: el profesor, cuando conoció las dificultades económicas de George, le devolvió el dinero de las clases. Posteriormente, en Berlín, y alentado por el ejemplo de su profesor, George ayudó a artistas con dificultades económicas. Cuando acaba con Bloch, vuelve a acudir a Von Stemberg, que lo dirige hacia el Curtis Institute, una prestigiosa escuela musical que todavía existe. La recomendación sirvió para que la esposa del fundador de esta institución, Mary Louise Curtis Bok, le acogiera bajo su mecenazgo, lo que hizo posible que George Antheil siguiera su carrera de compositor y músico, puesto que el apoyo económico de la señora Bok se extendió durante más de veinte años, a pesar de que ella no siempre estuvo satisfecha con la música de George.

Otro hecho capital para la historia de las telecomunicaciones tuvo lugar durante la estancia de George Antheil en Filadelfia.

---

38 Este es precisamente el título que el mismo George Antheil escogió para su autobiografía, publicada en 1945 y que fue un *best-seller*: *Bad Boy of Music*, Doubleday, Doran & Co.

En uno de los lugares que fue a parar a vivir, esencialmente pisos de estudiantes, el ocupante anterior había dejado una gran cantidad de libros de endocrinología, que fueron devorados por George hasta que llegó a convertirse en un auténtico experto en el tema. Otras versiones ubican este aprendizaje de George en Berlín, pero parece que en Berlín estaba bastante ocupado en otras tareas para tener tiempo de dedicarse a la endocrinología. En cualquier caso, más adelante, al volver a Estados Unidos después del periplo europeo, su experiencia en esta disciplina le sirvió para escribir artículos y libros sobre el tema, que no lo hicieron rico, pero si que lo ayudaron a salvar algunos momentos difíciles y, lo que es más importante, fueron la clave para entrar en contacto con Hedy Lamarr.

El concepto musical que George Antheil empezó a desarrollar era muy peculiar: estaba convencido de que era necesario crear una escuela de música "americana", en la misma línea que la escuela nacional de música rusa, libre de influencias europeas, que había sido impulsada, a partir de 1860 por Rimsky-Korsakov, Mussorgsky y otros. Una pieza esencial de esta identidad "americana" era el maquinismo y, por consiguiente, las composiciones musicales habían de incorporar los sonidos propios de este maquinismo, lo que puede ayudar a entender que los títulos de sus principales composiciones incluyan referencias a las máquinas: *Airplane Sonate, Mechanisms, Death of Machines*. No se puede olvidar que su obra capital, *Ballet mécanique*, es, nada más y nada menos, un concierto para ocho percusionistas, dos pianos, una sirena, siete timbres eléctricos, tres hélices de avión y dieciséis pianolas sincronizadas.

En 1922, un promotor de conciertos, con las subvenciones correspondientes de su mecenas, le montó una serie de conciertos por Europa, el primero de ellos en Londres. En la primera parte del concierto, tocaba piezas tradicionales y en la segunda alguna de sus composiciones. Lo mejor que se puede decir de estos conciertos es que Antheil era un buen pianista y que la crítica lo recibió con opiniones divididas. Más adelante, las cosas se fueron complicando. Después de Londres se establece en Berlín durante un año y da conciertos en varias capitales europeas cercanas. Durante esta estancia en Berlín conoce a la que sería su compañera de toda la vida, la húngara Boski Markus, con quien se casó en 1925. También entra en contacto con uno de sus ídolos musicales: Igor Stravinsky. Durante unas semanas se veían diariamente, pero parece que Stravinsky se enfadó cuando supo que Antheil se pavoneaba públicamente de su amistad y le restringió el acceso. El golpe de gracia a la relación ocurrió cuando Antheil optó por ir a Polonia con Borski, en lugar de ir a París a dar un concierto que el compositor ruso le había organizado. Parece que el conocimiento experto sobre el mecanismo de control del cuerpo humano que es el sistema endocrino no lo privó de actuar de la manera que era más razonable para un joven enamorado de veintitrés años.

La pareja se instala en París en 1923, justo encima de la librería *Shakespeare and Company*, que dirigía la editora del *Ulysses* de James Joyce, Silvia Beach. Allá conocen a Ezra Pound, James Joyce y Ernest Hemingway, entre otros. Antheil, que había tenido contactos con el movimiento dadaísta en Nueva York, se encuentra muy cómodo en aquel ambiente y recibe el encargo de componer la banda sonora para una película, *Ballet mécanique*, ajustada completamente al surrealismo imperante de la época. No hubo demasiada sintonía entre el director de la película y George, puesto que cuando esta se estrenó, con otra banda sonora, su duración era de diecisiete minutos, exactamente la mitad de la longitud de la primera versión del ballet de Antheil. Gradualmente, lo que tenía que ser la banda sonora de una película empieza a convertirse en una obra de mayor envergadura. Uno de los principales problemas que George tenía que resolver era la sincronización de las dieciséis pianolas que intervenían en el ballet, lo que le llevó a familiarizarse con la tecnología de estos instrumentos, hasta el punto que una parte de la obra se escribió directamente sobre cinta de pianola. Parece que George estuvo a punto de descubrir que la solución al problema de la sincronización se encontraba en las cintas perforadas de pianola, pero no consiguió resolver el intríngulis. Por otro lado, las cintas de pianola eran, en aquel momento, uno de los sistemas de control más sofisticados que había, herederas directas de las tarjetas perforadas que Jacquard empleó para su telar y que Babbage había imaginado para su máquina analítica.

Aquel mismo año, invitaron a George a tocar en la apertura de un importante acontecimiento musical que reunía al todo París, una invitación que, seguramente tenía trampa, puesto que cuando llegó al lugar previsto, vio que había una iluminación mucho más fuerte que la habitual. Empezó la interpretación y, al poco tiempo, el público se empezó a mover inquieto en la butaca, hasta que empezó un disturbio de dimensiones considerables, mientras algunos de sus amigos, de pie aplaudían y decían cosas como "Bravo, Bravo! Quelle precision! Quelle precision!". La policía tuvo que intervenir para calmar los ánimos. Las escenas formaron parte de una película –por eso había las luces– y George, en vez de molestarse, se sintió halagado por ello. Aunque su prestigio musical no salió demasiado favorecido de la experiencia.

Antheil siguió trabajando en el *Ballet mécanique*, a la vez que hacía otras composiciones y conciertos. El estreno oficial del ballet tuvo lugar en París en 1926 y volvió a provocar reacciones hostiles entre el público, aunque sin llegar a el alboroto del concierto de 1923. Un año después del estreno de París, en 1927, el ballet hizo su debut en Nueva York y allí sí que hubo disturbios. Una de las escenas más notables de este estreno fue cuando una parte del público, en señal de rendición, expuso sus pañuelos blancos en el viento de una de las hélices que formaba parte de los instrumentos. Antheil no se tomó esta reacción hostil de una forma tan deportiva como la del concierto de 1923 y decide regresar a París y abandonar los experimentos con la música moderna. Se dedica a hacer composiciones más tradicionales, como óperas y conciertos, con éxito diverso. El último año en Europa, en 1932, pudieron sobrevivir gracias a una beca Guggenheim. Después, visto cómo empiezan a ir las cosas en Europa, deciden volver a Estados Unidos de forma definitiva.

George Antheil: Profeta de la maquinaria y de la música

Fuente: www.antheil.org

El regreso no fue muy dulce. El ruido de los disturbios del estreno del *Ballet mécanique* todavía no se había desvanecido y a George no le quedó más remedio que acudir a las bandas sonoras de películas como fuente de financiación. Era lo único que le faltaba a la señora Bok para enfadarse aún más y, en 1934, le retira el generoso mecenazgo que le había permitido vivir hasta entonces. A la busca de nuevas fuentes de ingresos, empieza a escribir críticas musicales en algunos diarios y revistas. En un momento determinado se da cuenta de que puede escribir sobre otras cosas y propone al editor de la revista *Esquire* una serie de artículos sobre detectores de infidelidad. La primera propuesta contenía veinticinco de estos detectores, que tenían que proporcionar el conocimiento suficiente para que un hombre pudiera saber si su mujer le era infiel, redactadas bajo la forma "Ella ya no te es fiel sí ...". Es verdad que hoy resulta difícil pensar que algún editor sea lo bastante osado para aceptar una propuesta de este estilo, cuando menos, tan orientada a detectar las infidelidades femeninas. Vaya, que, como mínimo, tendrían que ser más simétricas. Pero a George le funcionó y obtuvo una importante cantidad de dinero para escribir hasta cuatrocientas pistas de este estilo, que fueron publicadas por la revista entre abril y octubre de 1936.

Cómo que, al margen de los escritos, la principal fuente de ingresos para un compositor eran las bandas sonoras, aquel mismo año deciden mudarse a Hollywood. Gracias al éxito de la propuesta a la revista *Esquire*, hace otra sugerencia igualmente osada y políticamente incorrecta, visto con los ojos de hoy: una serie de artículos en los que usa sus conocimientos de endocrinología para que los hombres puedan saber "Which girls will and which won't" ('qué chicas querrán y a cuáles no'). Durante estos años, George Antheil no había olvidado ni abandonado sus conocimientos autodidactos de endocrinología, incluso, en 1930, T. S. Elliot le había publicado una novela de detectives, *Death in the Dark*, en la que el asesino es pillado gracias a las pistas que dan sus glándulas. Nuevamente, la revista *Esquire*, en 1936, acoge una serie de artículos suyos sobre el *glandbook*: "The Glandbook for the Questing Male", "The Glandbook in Practical Use" o "The Glandbook in a Hobby House". Unos años más tarde, estos artículos fueron a parar a manos de la acomplejada Hedy Lamarr, quién los leyó con atención, dedicación y, según todos los indicios, aprovechamiento. En 1937, Antheil publicó un tratado sobre criminología glandular,[39] que recoge y amplía el contenido de estos textos.

Antheil intentó, sin mucho éxito, continuar explotando su vena de articulista con otro proyecto, también para la revista Esquire, de una serie de artículos con el título de "Boy Advises Girl" ('Chico aconseja chica'). Aun así, el editor le copió la idea y, a pesar de que firmaba Antheil, la columna era redactada por articulistas de la revista, lo que significaba bastantes menos ingresos para el pianista. También había intentado comercializar un método para tocar el piano sin tener nociones de música y otras aventuras similares más o menos fallidas. Al fin y al cabo, el mantenimiento de su familia le vino esencialmente de la composición, tanto de piezas clásicas cómo de bandas sonoras para películas. No se puede olvidar tampoco la ayuda importante que significó

39 Antheil, G. (1937). Every *man his own detective: a study of glandular criminology*. Nueva York: Stackpole Sons. Disponible en http://catalog.hathitrust.org/record/006633771. Consultado el 18 de noviembre de 2013.

el reencuentro de los cuadros que había comprado en Berlín para ayudar a los artistas que tenían una precaria situación económica, algunos de los cuales ahora eran famosos y sus obras se cotizaban. De todas maneras, hacia 1947, George Antheil era el cuarto compositor más interpretado de Estados Unidos, después de Samuel Barber, Aaron Copland y George Gershwin. George Antheil murió en 1959, dejando a un hijo ilegítimo de seis meses. Dos de sus discípulos mantienen una página de homenaje y siguen promocionando su obra capital: *Ballet mécanique*.

5. El tamaño, a veces, sí que importa

El primer encuentro entre Hedy y George no fue fortuito. Se produjo durante una cena en casa de Gilbert Adrian –Adrian a secas–, un diseñador de vestuario de la Metro Goldwyn Mayer que había sido el responsable del vestuario de la mítica *El mago de Oz* y también había vestido a actrices como Greta Garbo y Joan Crawford. Hacia 1939, Adrian y Hedy se conocen, se hacen amigos y, cuando Hedy sabe que el diseñador es amigo de los Antheil, no le falta tiempo para insistir que organice una cena en casa de Adrian donde ella pueda conocer y hablar con George. La cena tuvo lugar en agosto de 1940, mientras Borski y el hijo de ambos estaban de viaje en la costa este, visitando a los padres de George. Este hecho facilitó que la conversación inicial girara alrededor del tamaño de los pechos de Hedy, lo que, según explica George en sus memorias, no le fue nada fácil: tímidamente empezó diciéndole que a él le parecía que ya estaban bien. No resulta muy difícil imaginarse el sobresalto de George: tenía delante a la mujer más bella del mundo, que le estaba pidiendo consejo –a él– para mejorar el aspecto de sus pechos. Hedy, que conocía la clasificación glandular que George había publicado en *Esquire,* le pidió, con insistencia, si sería posible mejorar esta parte de su cuerpo, sin cirugía, mediante extractos glandulares que activasen el lóbulo posterior de la pituitaria o alguna acción similar. Parece que George, absolutamente estupefacto, apenas pudo decirle que sí, que era posible, a pesar de que seguramente insistió en que no era necesario.

La conversación –no podía ser de otro modo– fue bien, los dos simpatizaron y, aprovechando que George estaba solo, quedaron para seguir charlando en días posteriores. En estas entrevistas, Hedy y George se explicaron la vida y de estas conversaciones surgió la idea de colaborar en el proyecto de teledirigir torpedos por radio que Hedy tenía entre ceja y ceja desde que había huido de Austria. Cuando Borski volvió de su viaje, no le hizo mucha gracia enterarse de la amistad que unía ya en aquel momento a Hedy y George. De hecho, parece que tenía motivos más que justificados para no fiarse de George; y Hedy se acababa de divorciar de su segundo marido. Finalmente, Borski comprobó que sus celos eran injustificados y también se hizo amiga de Hedy. Así, las reuniones entre George y Hedy pasaron a ser reuniones familiares.

Posiblemente la inspiración para el sistema de comunicaciones vino cuando Hedy se enteró de la experiencia que George tenía con las cintas de pianola, a pesar de que la gran iluminación, según el hijo de Hedy, se produjo una tarde que George y Hedy tocaban juntos el piano. George iba tocando y Hedy tenía que seguirlo, tocando las mismas teclas que él había tocado. De repente, Hedy exclamó que aquello era lo que tenían que hacer: que el torpedo y el sistema de control "tocaran" las mismas teclas a la vez, es decir, sincronizar las frecuencias de las señales portadores de las instrucciones de control, de modo que sería posible cambiar estas frecuencias de forma constante y, así, impedir que el enemigo interceptara la comunicación: podría hacerlo en un instante determinado, pero al instante siguiente el torpedo estaría escuchando una frecuencia diferente, por lo que los esfuerzos del enemigo serían en balde.

Hedy y George empezaron a desarrollar el sistema y lo pusieron en manos de un consejo de inventores que el Gobierno había establecido para tratar de recoger y reconducir hacia la guerra los esfuerzos innovadores tanto de empresas y organizaciones, como de individuos, independientemente de si estaban o no amparados por una organización o un currículum relevante. Se trataba de mirarlo todo y de aprovechar lo que fuera aprovechable. Los inventos que pasaban el filtro del consejo se traspasaban a las fuerzas armadas, que eran las que tenían la última palabra en el desarrollo o no del invento. El sistema de Hedy y George pasó los primeros escrutinios y, además, fue objeto de algunas sugerencias para mejorarlo, lo que alentó todavía más los esfuerzos de ambos artistas para intentar llegar a un sistema viable.

Una vez tuvieron claro que la solución al problema de sincronizar las frecuencias entre emisor y torpedo podía venir dada por una cinta de pianola a cada extremo, hubo que diseñar los mecanismos correspondientes. Ni una ni otro tenían suficientes conocimientos de electrónica para poder realizar esta tarea, por lo que contrataron a un profesor del Departamento de Ingeniería Eléctrica del prestigioso California Institute of Technology, Samuel Stuart MacKeown, para que resolviera los detalles electrónicos que requería el sistema. En la patente no aparece su nombre, pero ni Hedy ni George ocultaron nunca la intervención de este profesor, que disfrutó de un permiso de unos meses entre 1940 y 1941, justo cuando se desarrolló la patente.

Dos dibujos de la patente de Hedy Lamarr y George Antheil

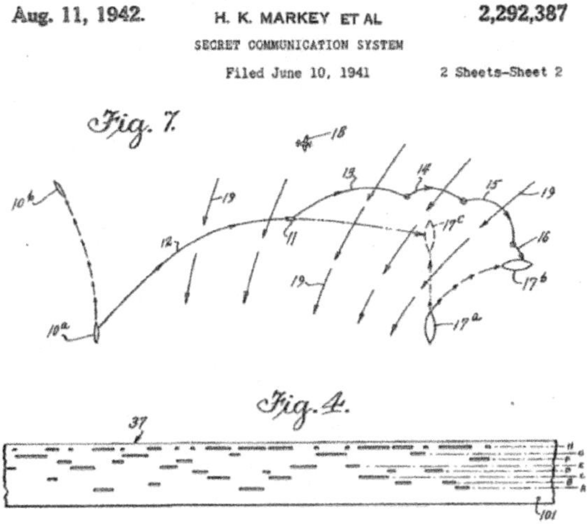

Fuente: Elaboración propia a partir de la patente

La patente se presentó el 10 de junio de 1941 y se otorgó el 11 de agosto del año siguiente. Hedy usa el nombre de casada y obvia su nombre artístico, seguramente para darle más consistencia, aunque solo fuera en una primera aproximación. Aparte del texto, hay siete figuras que describen tanto el mecanismo como un escenario para su posible utilización: en una se representa el barco objetivo del torpedo realizando maniobras de evasión, maniobras que un avión de reconocimiento envía al barco emisor para que pueda cambiar la dirección del torpedo. En las otras figuras, aparte de una cinta de pianola, hay los detalles, electrónicos y mecánicos, de su sofisticado sistema. El consejo de inventores dio el visto bueno y lo trasladó a las fuerzas armadas, las cuales rechazaron desplegar el invento, por varias razones: primero porque los torpedos todavía eran impulsados por aire comprimido; segundo porque eran algo demasiado serio para utilizar un juguete como era una cinta de pianola y, tercero, pero no menor, porque no se fiaban del invento de una extranjera, que, además, era actriz de cine. Rechazaron desplegar el sistema, pero, por si acaso, lo declararon secreto, para que los enemigos no pudieran hallar su utilidad.

Quién sabe si uno de los problemas con los que topó la patente fue justamente que, a diferencia de lo que acostumbra a suceder en la mayoría de patentes, escritas por abogados especialistas que usaban un lenguaje florido y poco comprensible para el resto de los mortales, el texto que acompaña el sistema secreto de comunicaciones es sorprendentemente sencillo, tal como demuestra esta traducción, más o menos libre, del texto original:

Esta invención se refiere en general a sistemas de comunicación secretos que implican el uso de ondas portadoras de diferentes frecuencias, y es especialmente útil en el control remoto de embarcaciones dirigibles, como por ejemplo torpedos.

Un objetivo de la invención es proporcionar un método de comunicación secreto que sea relativamente simple y fiable en su funcionamiento, pero a la vez difícil de descubrir o descifrar.

Dos dibujos más de la patente original

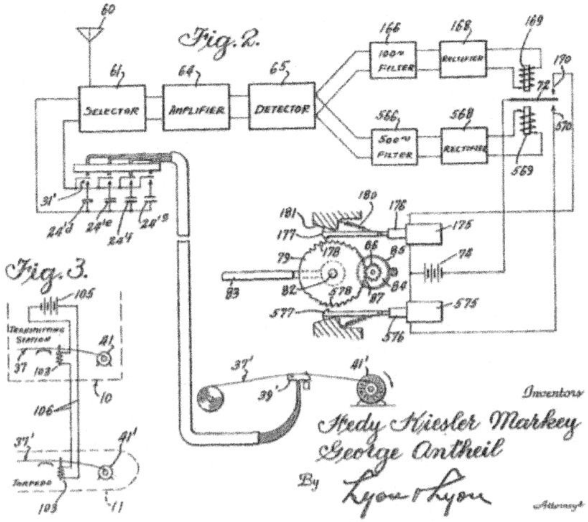

Fuente: Elaboración propia a partir de la patente

En pocas palabras, nuestro sistema, en su versión adaptada para el control de radio de una nave a distancia, emplea un par de registros síncronos, uno en la estación transmisora y otro en la estación receptora, que cambian la frecuencia de la transmisión y la recepción de vez en cuando, de modo que sin el conocimiento de las frecuencias, un enemigo no puede determinar con qué periodicidad se envía un impulso de control. Además, se prevé el uso del tipo de registros que durante muchos años se han utilizado en pianolas, que consisten en largos rollos de papel con perforaciones posicionadas en una pluralidad de hileras longitudinales a lo largo de los registros. En un registro convencional de pianola puede haber 88 hileras de perforaciones, y nuestro sistema permite el uso de 88 frecuencias portadoras diferentes, de una a otra, en las que tanto la transmisión como la recepción de la estación se modifican a intervalos. Además, los registros del tipo descrito pueden tener una longitud sustancial y pueden ser accionados de forma lenta o rápida. Esto hace que sea posible que un par de registros, uno en la estación transmisora y el otro en la estación de recepción, ejecuten durante un periodo de tiempo suficiente el control remoto de un dispositivo, como un torpedo.

Los dos registros pueden sincronizarse entre sí con motores de velocidad constante calibrados con precisión, como los que se emplean en los relojes y los cronómetros. Sin embargo, también está dentro del alcance de nuestra invención corregir periódicamente la posición del registro en la estación receptora mediante la transmisión de impulsos síncronos desde la estación transmisora. El uso de la sincronización de los impulsos para la corrección de la relación de fase de un aparato rotatorio en una estación de recepción es muy conocido y muy desarrollado en el campo de la telegrafía automática y la televisión.

La técnica que describen en la patente, denominada saltos de frecuencia, y que consiste en ir cambiando las frecuencias "de vez en cuando", fue una de las primeras que posteriormente serían conocidas con el nombre de espectro ampliado (spread spectrum, en inglés) y aunque Hedy y George habían llegado a él mientras buscaban un sistema secreto de comunicaciones, también resolvían dos problemas inherentes a las transmisiones por radio, como por ejemplo la calidad de la transmisión y la capacidad del canal.

Llegados a este punto, resulta conveniente hacer una pequeña referencia a algunos de los conceptos básicos relacionados con el espectro de radiofrecuencias. El hecho es que, a partir del hundimiento del *Titanic*, se puso de manifiesto la necesidad de regular este espectro. El *Titanic* tuvo problemas para hacer llegar sus llamadas de socorro a los barcos que había más cerca. En aquel momento eran muchos los radioaficionados que intentaban hacer llegar su voz al otro lado del Atlántico y así ocupaban una buena parte del espectro con ruidos que hacían difícil discernir unos ruidos de otros. Nadie les dio la culpa, pero quedó claro que si los barcos que había en la zona hubieran estado escuchando la radio, las ayudas al *Titanic* habrían podido llegar antes y quizás se habrían podido salvar más vidas, siempre que el ruido presente les hubiera permitido entender las llamadas de ayuda. Para regularlo, había que determinar qué frecuencias había que tener sintonizadas y dedicarlas solamente a las emergencias. Y para poder establecer estas frecuencias, era preciso regular todo el espectro.

El trabajo se encargó a la Unión Internacional de Telegrafía, un organismo creado en 1865 con el objetivo de regular las redes internacionales de telégrafos. En 1934 adoptó el nombre actual: Unión Internacional de Telecomunicaciones (ITU) y en 1947 pasó a ser una agencia de la ONU. Actualmente es el organismo internacional encargado, entre otras cosas, de la regulación de las radiofrecuencias. La ordenación significó, poco más o menos, la división del espectro de radiofrecuencias en intervalos, denominados bandas, y la asignación de cada una de estas bandas a usos específicos: radio AM; radio FM; VHF y UHF que es por donde va la televisión; una banda para la seguridad en el mar; otras bandas por las fuerzas armadas y de seguridad, etc.

De este pastel solo quedó un pequeño trozo libre y es la banda que usan los radioaficionados, los teléfonos inalámbricos, los hornos microondas, los GPS, los mandos de puertas de garaje, las redes wi-fi, los sistemas Bluetooth y toda una serie de aplicaciones que han ido apareciendo después de que la normativa entrara en vigor. No es que se haya relegado estos usos a un pequeño rincón, sino que cuando aparecieron, todas las bandas estaban ya ocupadas por emisiones de seguridad, militares o comerciales, y no había forma de conseguir otra. Por eso, para tener televisión digital, fue necesario apagar la analógica, ya que ambos sistemas usan la misma banda. Aun así, con el sistema digital pueden pasar más emisiones por la misma banda y caben más canales, dado que no hace falta que sean tan anchos.

De hecho, los canales son los intervalos en los que se subdividen las bandas de frecuencia. La anchura del canal –es decir, la anchura del intervalo que lo define– depende del tipo de información que se tenga que transmitir por el canal. Así, por ejemplo, tendrá que ser más ancho si ha de llevar imagen que solo voz, y también tendrá que ser más ancho si la información está codificada en forma analógica que en forma digital. Dicho de otro modo, si asimilamos las bandas a las autopistas, entonces los canales serían los carriles y habría autopistas con carriles solo para coches y autopistas solo para grandes vehículos, según la anchura de los carriles existentes. Las interferencias aparecerían cuando un vehículo circulara empleando más de un carril o si fuera más ancho que el carril e invadiera los adyacentes.

Hay que tener en cuenta que la determinación de la anchura de un canal no deja de ser un equilibrio difícil entre las necesidades derivadas de la escasez del recurso y las asociadas a la fiabilidad de las comunicaciones. Así, por un lado, cuanto más estrecho sea el intervalo que define los canales, será posible tener más para una banda determinada. Pero, por otro lado, Claude Shannon y Ralph Hartley demostraron, en 1948, que cuanto más ancho fuera un canal, más fiable sería para transmitir una cantidad de información determinada, es decir, que cuando en el canal hay ruido e interferencias, una señal que emplee un intervalo mayor de frecuencias es más robusto que una que emplee un intervalo más estrecho. Además, los canales más anchos permiten transmitir el mismo volumen de datos con un emisor menos potente.

La cuestión es que con sus saltos de frecuencia, Hedy y George se anticiparon siete años a este resultado. Su propuesta supone que los usuarios puedan emplear simultáneamente el mismo conjunto de canales adyacentes, por consiguiente, las comunicaciones utilizarán un intervalo mayor de frecuencias. De ahí proviene el nombre de espectro ampliado que reciben técnicas como los saltos de frecuencia y otras desarrolladas posteriormente con objetivos similares. Los usuarios pueden usar los mismos canales siempre que las secuencias de los saltos entre canales sean diferentes, requisito que también es indispensable para evitar la interceptación de las comunicaciones entre emisor y receptor. Por esta razón se habla de la "puntería" del sistema: emisor y receptor comparten un código –la secuencia de saltos– que es único para los dos.

¿Qué pasaría si cada canal se reservara a un único usuario? Pues que se echaría a perder la capacidad de aquel canal siempre que el usuario no lo usara. No deja de ser una situación similar a la de las primeras líneas telefónicas dedicadas entre dos usuarios: solo servían para estos dos usuarios. Las centralitas y la conmutación de circuitos permitieron optimizar este recurso. Actualmente, si muchos usuarios tienen asignados los mismos canales pero con saltos diferentes, las frecuencias pueden utilizarlas todos a la vez sin problemas y, por añadidura, puede haber bastantes menos canales que usuarios, es decir, se ensancha el espectro existente porque permite un mayor número de comunicaciones simultáneas. Puestos a hacer metáforas, la idea es similar a la de una dependencia donde hubiera muchas ventanillas, y en cada una de ellas solo pudiera realizarse uno de los muchos trámites que atiende la dependencia. Si uno de estos trámites requiere más tiempo que los otros, la cola correspondiente podría llegar a ser insoportablemente larga, mientras que las otras ventanillas podrían estar sin trabajo. En cambio, si todas las ventanillas pueden realizar todos los trámites, entonces el tiempo de espera se uniformiza, siempre y cuando, evidentemente, haya una única cola para todas. Es lo que ocurre en los mostradores de facturación de los aeropuertos. En cada mostrador puede facturarse cualquier vuelo, a pesar de que, por increíble que pueda parecer, todavía quedan compañías de aviación que no se han dado cuenta de que resulta mucho más eficaz y cómodo para la clientela disponer de una sola cola para todas las ventanillas que dejar que haya una cola para cada ventanilla.

En definitiva, el sistema de Hedy y George, además de ofrecer confidencialidad a las comunicaciones por radio, que era el objetivo para el que fue diseñado, también servía para mejorar la calidad de las transmisiones y aprovechar mucho mejor el espectro de radiofrecuencias, es decir, resolvía de una vez tres de los principales inconvenientes que tenían las comunicaciones por radio. La patente fue a parar al cajón de los secretos militares hasta el inicio de la década de los ochenta, a pesar de que algunos contratistas de las fuerzas armadas tuvieron acceso al mismo anteriormente y resulta difícil determinar hasta qué punto la idea inspiró la aparición posterior de las tecnologías digitales que hicieron posibles y viables los saltos de frecuencias y las demás técnicas que hoy configuran el espectro ampliado y que están en la base de la telefonía móvil y de toda una serie de sistemas de comunicación indispensables para nuestra forma de vida actual. Entre estos, los teléfonos inalámbricos y el Bluetooth todavía usan la técnica de los saltos de frecuencia, tal como la imaginaron Hedy Lamarr y George Antheil.

Y todo había empezado con el objetivo de afinar la puntería de los torpedos teledirigidos.

Así pues, la pregunta era...

Las historias de los inventos que explora este libro son, en buena medida, historias de fracasos, puesto que vendrían a ser respuestas acertadas a preguntas equivocadas. Equivocadas, porque no hay mucha correlación entre la pregunta inicial y el uso que ha llegado a tener la respuesta. Acertadas, porque hemos acabado haciendo un uso generalizado, tanto que han llegado a condicionar –poco o mucho, para bien o para mal– nuestra forma de vida. Por consiguiente, pueden verse como ejemplos que mostrarían el comportamiento imprevisible y errático del sistema pregunta-respuesta, o problema-solución, que está en la base de la innovación y del progreso y que fue iniciado por aquellos homínidos que molestaban en las partidas de caza o pesca. Dicho de otro modo, la rueda del progreso no responde solo al carácter aproximado de las soluciones, sino que, además, muy a menudo, las respuestas no tienen demasiado que ver con las preguntas, lo que, a veces, abre un nuevo campo de experimentación, es decir, de interrogación. Es lo de las soluciones a la búsqueda de problemas, un aspecto bastante característico de nuestros tiempos, y que Sir John Daniel, antiguo rector de la Open University del Reino Unido, explicaba de forma clara y contundente cuando afirmaba que «Ahora que ya sabemos que las tecnologías digitales son la solución, quizás ha llegado el momento de averiguar cuál era el problema». Tal vez uno de los ejemplos más claros de solución que buscaba un problema es el de los hornos microondas inventados en 1945, a las postrimerías de la Segunda Guerra Mundial.

A la vista del potencial militar que iba desarrollando la Alemania hitleriana, hacia 1935, el ingeniero británico R. Watson-Watt fue interrogado sobre la viabilidad de construir una máquina capaz de emitir un rayo fulminante, mortal y destructivo, especialmente dirigido a los previsibles aviones enemigos. No es que los responsables del correspondiente ministerio se hubieran vuelto locos a causa de algún exceso en la ingesta de psicotrópicos o alcohol: la inquietud que generaba la pregunta estaba basada en el hecho de que varios inventores, a uno y otro lado del Atlántico, habían anunciado –a bombo y platillo– que habían conseguido construir una máquina capaz de generar con ondas electromagnéticas este tipo de rayos, que ellos mismos denominaban «de la muerte». Entre los inventores estaba Nikola Tesla[40] y, está claro, no era cuestión de ignorar completamente esta posibilidad, debido al ruido creciente de los tambores de guerra. Por un lado, y en el peor de los casos, todos los esfuerzos para ampliar el arsenal militar podían ser baldíos si el enemigo tenía estas máquinas a su disposición y, por consiguiente, era necesario saber cómo funcionaban para, en todo caso, intentar contrarrestarlas. Por el otro, no dejaba de ser apetitosa la posibilidad de disponer de los rayos de la muerte, puesto que con ellos el enemigo estaría perdido. Es decir que la pregunta tenía lo suyo, por sorprendente y ridícula que pueda parecer desde la perspectiva

40 Véase, por ejemplo, http://www.teslasociety.com/deathray.htm. Consultado el 31 de enero de 2014.

actual. Pues bien, gracias a la respuesta a la pregunta del rayo de la muerte, entre otros cosas, hoy disfrutamos de los inefables hornos microondas, indispensables en muchos hogares de todo el globo para calentar la leche del desayuno y, sobre todo, para hacer palomitas de maíz.

El hilo conductor que va del rayo de la muerte a los hornos microondas empieza por la respuesta que dio Watson-Watt a la pregunta de las autoridades militares: no, no era posible –en aquel momento– hacer una máquina con aquel poder destructivo, dado que requeriría de una cantidad de energía absurda y, además, sería muy fácil protegerse de estas ondas, debido a que la carcasa de los aviones podría actuar como blindaje. Pero Watson-Watt no se limitó a dar esta respuesta alentadora, y añadió otra consideración que, al fin y al cabo, resultó crucial para la defensa de Inglaterra durante la guerra que estalló cuatro años más tarde. El ingeniero, que había estado trabajando en el uso de las ondas de radio para detectar tormentas atmosféricas y, así, ayudar a los aviadores a esquivarlas, se había dado cuenta de que las ondas rebotaban cuando había tormenta y por eso podían detectarse. Pudo constatar que también rebotarían en los objetos metálicos y, de este modo, sería posible divisar de lejos a los aviones enemigos. No era tan drástico como el rayo de la muerte, pero ya era algo y por eso le encargaron que desarrollara el sistema, que denominó radar, acrónimo de *Radio Detection And Ranging*.

Watson-Watt no fue el primero que pensó en las ondas de radio para detectar objetos metálicos. Una serie de inventores ya lo habían hecho antes, algunos en el camino de la construcción de los generadores de los rayos de la muerte. Entre los que se adelantaron al británico, se encuentra –como no podía ser de otro modo– Tesla, quién había ofrecido al ejército americano desarrollar un sistema de detección de submarinos también mediante ondas electromagnéticas, [41] un sistema que habría sido inviable debido a la gran disipación que el agua produce en estas ondas. Aun así, el sistema no fue aprobado por el ejército, no porque no fuera viable, que no lo era, sino más bien porque el presidente de la comisión encargada de analizar las propuestas no era otro que Edison, el enemigo más feroz de Tesla.

Sin embargo, fue Watson-Watt quién consiguió desplegar una red de radares a lo largo de la costa británica que fue de gran utilidad durante la Segunda Guerra Mundial. Por su parte, los americanos no tardaron en incorporar el radar a sus sistemas de defensa. Los componentes básicos del radar son las antenas que envían las ondas y detectan los rebotes, la pantalla de rayos catódicos que permite visualizar las señales rebotadas y, sobre todo, el magnetrón, el dispositivo encargado de generar las ondas enviadas y detectadas por la antena. Entre los fabricantes de magnetrones estaba Raytheon, que contaba entre sus empleados con Percy L. Spencer, un manitas que no había conseguido acabar el bachillerato, pero que tenía mucha inventiva y había hecho mejoras en varios procesos de fabricación, la mayoría de los cuales eran objeto de patentes. De hecho, Spencer, llegó a ser titular de más de 120 patentes.

El proceso de fabricación de magnetrones era complejo. Solo se podían fabricar unos diecisiete cada semana, hasta que Spencer cambió algunos detalles de estas piezas. Con

41 Cheney, M. (1981). *Tesla. Man Out of Time*. Nueva York: Barnes and Nobles.

los cambios, Raytheon pudo pasar a fabricar unos 2.600 magnetrones al día, lo que significó que dieran una medalla al ingenioso Spencer. Todo esto ocurría hacia 1942. Pocos años después, al finalizar la guerra, cesó la demanda de radares, por lo que los responsables de la empresa empezaron a ver cómo se acumulaban los stocks de magnetrones, a la vez que empezaban a mirar con ojos inquisidores al responsable del entuerto, es decir, Spencer. Este, con cincuenta años, empezó a ver como peligraba su lugar de trabajo y empezó a trastear con los magnetrones para ver si encontraba una salida a una situación que era cada día más complicada.

Spencer debía ser goloso o, cuando menos, le gustaba el chocolate, porque un día, mientras trabajaba en un magnetrón, se dio cuenta de que la chocolatina que llevaba en el bolsillo se había fundido. Intrigado, empezó a intentar averiguar la causa y pronto se dio cuenta de que solo podía ser el magnetrón. Fue a buscar una bolsa de maíz, del que se usa para hacer palomitas, la acercó al magnetrón en funcionamiento y, al cabo de poco tiempo, empezó a ver como los granos estallaban para convertirse en palomitas. Después acercó un huevo –de gallina– y pudo comprobar como reventaba. De hecho, parece que quién lo comprobó más de cerca fue uno de sus ayudantes que se asomó al cuenco donde lo tenían justo en el momento en que estallaba. De este modo, más bien accidental, Percy L. Spencer descubrió las propiedades caloríficas de las microondas, lo que significó un alivio para su situación en Raytheon.

Esquema de un horno microondas, incluido en la patente de P. L. Spencer

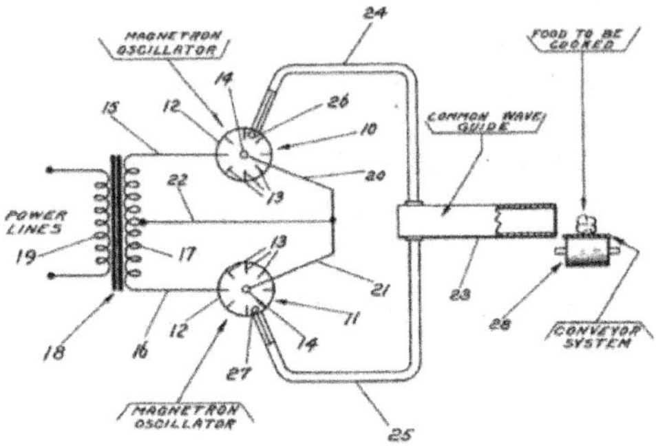

Fuente: Elaboración propia a partir del documento de la patente

En 1945 registró la patente del horno microondas, que no le fue otorgada hasta cinco años más tarde, en 1950. Estos hornos tenían que servir para calentar la comida y a la vez para cocer alimentos; sin embargo, al no dorarse en el proceso de cocción, de entrada no tuvieron demasiada aceptación. Primero se emplearon esencialmente para calentar platos precocinados en trenes, barcos y aviones comerciales y, más adelante, llegaron a los hogares, donde hoy sirven para lo que sirven, entre otras cosas, para calentar las sobras. Así es como Percy L. Spencer ha pasado a la historia de la tecnología como el inventor de los hornos microondas. Durante mucho tiempo se tuvo que conformar pensando que, gracias a una chocolatina fundida en su bolsillo y a sus dotes de observación, había conseguido mantener su puesto de trabajo. A la postre, fue capaz de resolver un problema –qué hacer con tantos magnetrones– que había sido generado por una solución, el problema de cómo fabricar más radares. Uno nunca sabe qué es lo más importante ni de dónde pueden llegar las respuestas a una pregunta: en este caso, alguien empezó preguntándose por la viabilidad de los rayos de la muerte y otra persona acabó inventando un electrodoméstico de gran penetración, pese a su discutida utilidad.

El comportamiento errático del sistema pregunta-respuesta también puede manifestarse de formas más sutiles, como pone de manifiesto el caso de la prospectiva realizada en 1967 por Keuffel & Esser, K&E, uno de los fabricantes más importantes de reglas de cálculo de Estados Unidos. Las reglas de cálculo habían sido inventadas en el siglo XVII por el británico William Oughtred, a partir de la introducción de los logaritmos que apenas acababa de formular Napier y que permitían realizar operaciones como productos, divisiones, raíces y otros, mediante desplazamientos de dos reglas graduadas con escalas convenientes. Hasta el inicio de la década de los setenta del siglo pasado, era impensable que nadie pudiera empezar a estudiar ingeniería o arquitectura sin estar convenientemente armado de una reglo de cálculo. De hecho, como ha ocurrido tantas y tantas veces con la tecnología, las reglas de cálculo fueron indispensables en la construcción de los dispositivos que acabarían sustituyéndolas, es decir, los ordenadores.

Con motivo de la celebración del centenario de la empresa, los directivos de K&E hicieron una encuesta entre los ingenieros más destacados de Estados Unidos sobre cuáles habían sido los adelantos más significativos de los cien años anteriores y, a la vez, cómo sería el mundo al cabo de otros cien años, es decir, en 2067. En la lista de encuestados estaban, además de profesionales destacados del momento, profesores y decanos de las escuelas de ingeniería más prestigiosas país. La empresa se vanagloriaba de haber proporcionado a los ingenieros americanos las herramientas esenciales para las grandes realizaciones que estos habían llevado a cabo durante los cien años de la existencia de K&E. Su catálogo de productos incorporaba muchos de estos enseres, pero la estrella eran, sin duda, las reglas de cálculo. Primero habían empezado importándolas de Europa, pero a medida que su uso se fue generalizando, empezaron a fabricar sus propias reglas. Las reglas de K&E lograron un gran prestigio y llegaron a ser el producto emblemático de la empresa.

Anuncio de IBM de 1951

Fuente: Wikimedia Commons

Los ordenadores ya habían empezado su camino, pero todavía se trataba solo de grandes equipos, pensados para empresas y corporaciones. IBM, en un no muy afortunado anuncio de 1951, aseguraba que una de sus máquinas podía sustituir a 150 ingenieros, armados cada uno con su regla de cálculo correspondiente. Pero todo indica que en K&E no se dieron por aludidos por indicios como estos; seguramente creían que la cosa iba más dirigida a los ingenieros que a sus herramientas. Todo ello sin olvidar que en 1961 es cuando surgió la primera calculadora de bolsillo, fabricada en Texas Instruments por un equipo liderado por Kilby, uno de los inventores de los chips. Paulatinamente, fueron apareciendo las primeras calculadoras científicas, eso sí, bastante más caras que las reglas de cálculo.

Este era, pues, el contexto de la celebración del centenario de K&E y, por consiguiente, tenía bastante sentido que pidieran a los expertos cómo sería el mundo al cabo de cien años. Los resultados, con las respuestas, eran esgrimidos con orgullo en el libro[42] que publicó la empresa para celebrar el acontecimiento. Debido a su espectacularidad, la encuesta y sus resultados habían sido objeto de bastante atención mediática.[43] Eran tiempos de muchas y grandes expectativas y no puede olvidarse que, por ejemplo, Isaac Asimov había llevado a cabo también un ejercicio de predicción[44] para el New York Times con motivo de la exposición mundial de 1964. En este ejercicio, Asimov intentaba imaginar cómo sería una hipotética feria en 2014 y sus predicciones no se apartaban mucho de las que hicieron, tres años más tarde, los expertos interrogados por K&E, hasta el punto que no resulta nada osado ver una cierta influencia de las predicciones de Asimov. Los encuestados por K&E auguraban un mundo en el que habría ciudades cubiertas por cúpulas, cultivos en el fondo del mar, televisión en tres dimensiones, coches eléctricos, tránsito y coches controlados por ordenador, comida

42 http://www.sphere.bc.ca/download/ke-100-yearbook.pdf. Consultado el 31 de enero de 2014.

43 Véase por ejemplo: http://news.google.com/newspapers?nid=2206&dat=19670425&id=KKwyAAAAIBAJ&sjid=z-kFAAAAIBAJ&pg=481,1763141. Consultado el 31 de enero de 2014.

44 http://www.nytimes.com/books/97/03/23/lifetimes/asi-v-fair.html. Consultado el 31 de enero de 2014.

sintética, enseñanza asistida por ordenador y toda una serie de opciones, la mayoría de las cuales aún son incipientes. El hecho es que, por la razón que fuera, la encuesta no fue capaz de predecir un hecho capital para el futuro de K&E como era que, al cabo de cinco años, tendrían que cerrar la división de reglas de cálculo, arrinconadas por las calculadoras electrónicas. Quién sabe si el cuestionario estaba formado por preguntas con respuestas cerradas, o si los encuestados quisieron ser educados o la empresa silenció esta parte, pero lo cierto es que la encuesta de K&E ha quedado como una confirmación clamorosa de lo que sostenía Bohr sobre las predicciones y el futuro. Y también sobre las debilidades del sistema pregunta-respuesta, aunque, en este caso, probablemente el problema esté en la naturaleza misma de la pregunta.

El comportamiento imprevisible y errático del sistema pregunta-respuesta es también objeto de una atención especial y remarcable por parte de Douglas Adams en su *Guía galáctica para autostopistas*.[45] Concebida inicialmente como una serie de guiones de programas de radio para la BBC, la *Guía* se convirtió luego en un libro y una película, entre otras cosas. Hay muchos sitios web dedicados a hablar de tema: de la trama, del sentido del humor, de los personajes, de todo en general, de esas historias que se han convertido en historias de culto para iniciados (y para algunos no iniciados). La historia figura que tiene lugar hace muchos millones de años. Uno de los caracteres secundarios que aparece es el ordenador *Deep Thought* (Pensamiento profundo), que es el segundo más potente de todos los tiempos y del espacio y

45 Adams, D. (1980). *The Hitchhiker's Guide to the Galaxy*. Nueva York: Harmony Books.

ha sido construido para calcular la respuesta definitiva a la pregunta sobre la vida y el universo. De entrada, cuando la confederación galáctica de filósofos se entera de su existencia y de su función amenazan con una huelga, pero el conflicto no va más allá cuando saben, por el mismo ordenador, que las tareas para llegar a la respuesta requerirán siete millones y medio de años de cálculos.

Pasado este tiempo, el ordenador da la gran respuesta: 42. Justo en aquel momento descubren que nadie sabía muy bien cuál era la pregunta. De hecho, es el propio ordenador el que les informa de que la pregunta era tan genérica y poco concreta que ni él mismo puede averiguar el significado de la respuesta, por lo que hay que diseñar y construir un ordenador más potente, es decir, el ordenador más potente de todos los tiempos y del espacio. *Deep Thought* asegura a los investigadores que está en condiciones de diseñar este ordenador para calcular cuál era la pregunta. Un ordenador que incorporará seres vivos como parte de sus mecanismos de computación. Denomina Tierra a este ordenador y es tan grande que a menudo se confunde con un planeta. Los investigadores adoptan la forma de ratones de laboratorio para dirigir su funcionamiento. La máquina estima que tardará unos diez millones de años en calcular cuál era exactamente la pregunta para la que *Deep Thought* ha encontrado 42 como respuesta.

Hacen acto de presencia los Vogones, una de las razas más desagradables de la galaxia, no tanto porque sean malos, sino más bien por su mal humor proverbial, su talante burocrático, rígido e insensible. Por añadidura, son extremadamente feos y, en general, su presencia y compañía no es muy divertida. Su comportamiento desagradable hace que sean ideales para ocupar los lugares de los burócratas del gobierno galáctico ya que solo son capaces de seguir órdenes, de forma inflexible y al pie de la letra. Un buen día les llega, por triplicado como siempre, la orden de destruir el planeta Tierra porque molesta para construir una autopista hiperespacial y no hay manera de revocar la orden, por más sospechas que se trata de un error o que es fruto de una maquinación perversa. Así, los Vogones destruyen la Tierra y lo hacen justo cinco minutos antes de que, después de diez millones de años de cálculos, el ordenador dé la tan esperada respuesta a la pregunta. Probablemente, sin la intervención de los Vogones, la respuesta habría generado otra pregunta sobre la respuesta y así sucesivamente, condenados como parece que estamos a transitar indefinidamente por las diabluras de este sistema de pregunta-respuesta que nos ocupa permanentemente.

En homenaje al superordenador de la Guía, los investigadores de IBM dieron el nombre de *Deep Thought* al primer ordenador que construyeron con el objetivo de ganar el campeón mundial de ajedrez del momento. Como el Deep Thought de Adams, el de IBM no fue lo suficientemente potente para ganar el campeón mundial de ajedrez y tuvo que ser una versión mejorada de este primer ordenador, *Deep Blue,* el que consiguió esta proeza. La historia de Douglas Adams, la de la Tierra destruida por los Vogones –ahora se llaman de otro modo– cinco minutos antes de llegar a la respuesta definitiva no deja de ser una bella metáfora sobre las debilidades –y las fortalezas– del sistema pregunta-respuesta que dirige el progreso de la humanidad.

Referencias

Abelson, H.; Ledeen, K. i Lewis, H. (2008). *Blown to Bits. Your Life, Liberty, and Happiness after the Digital Explosion.* Boston: Addison-Wesley.

Adams, D. (1980). *The Hitchhiker's Guide to the Galaxy.* Nueva York: Harmony Books.

Campbell-Kelly, M. (ed.) (1994). *Charles Babbage: Passages from the Life of a Philosopher.* Nueva Jersey: Rutgers University Press i IEEE Press.

Cheney, M. (1981) *Tesla. Man Out of Time.* Nueva York: Barnes and Nobles.

Christensen, C. M. (1997). *The Innovator's Dilemma. When New Technologies Cause Great Firms to Fail.* Cambridge: Harvard Business School Press.

Essinger, J. (2004). *Jacquard's Web. How a hand loom led to the birth of the information age.* Oxford: Oxford University Press.

Fidora, A. i Sierra, C. (eds.) (2011). *Ramon Llull: From the Ars Magna to Artificial Intelligence.* Barcelona: IIIA; CSIC. Versión electrónica a http://www.iiia.csic.es/library.

Hiltzik, M.A. (1999). *Dealers of Lightning. Xerox PARC And The Dawn of Computer Age.* Nova York: HarperCollins.

Hafner, K. i Lyon, M. (1996). *Where Wizards Stay Up Late. The Origins of Internet.* Nueva York: Simon and Shuster.

Katz, B.M. (1990). *Technology And Culture. A Historical Romance*. Stanford, CA: The Portable Stanford Book Series.

Lahey, A. (2006, tardor). «The Better Clothespin». *American Heritage of Invention and Technology*, pág. 38-43. Disponible en http://www.innovationgateway.org/content/better-clothespin-0.

Lapsley, P. (2013). *Exploding the Phone. The Untold Story of the Teenagers and Outlaws Who Hacked Ma Bell*. Nueva York: Grove Press.

Lessig, L. (2001). *The Future of Ideas*. Nueva York: Random House.

Lienhard, J. H. (2000). *The Engines of Our Ingenuity*. Nova York: Oxford University Press.

Mungo, P. i Glough, B. (1992). *Approaching Zero. The extraordinary Underworld of Hackers, Phreakers, Virus Writers, And Keyboard Criminals*. Nueva York: Random House. Disponible a http://www.manybooks.net/titles/mungopother08approaching _zero.html.

Palfreman, J. i Swade, D. (1991). *The Dream Machine. Exploring the Computer Age*. Londres: BBC Books.

Petroski, H. (1992) *The Evolution of Useful Things: How Everyday Artifacts-From Forks and Pins to Paper Clips and Zippers-Came to be as They Are*. Nueva York: Alfred A. Knopf.

Postman, N. (1994). *Tecnòpoli*. Barcelona: Llibres de l'Índex.

Rhodes, R. (2011). *Hedy's Folly. The Life and Breakthrough inventions of Hedy Lamarr, the Most Beatiful Woman in the World*. Nueva York: Doubleday.

Rothman, T. (2003). *Everything's Relative: And Other Fables from Science and Technology*. Nueva Jersey: John Wiley.

Slade, G. (2007). *Made to Break. Technology and Obsolescence in America*. Cambridge: Harvard University Press.

Sobel, D. (1997). *La longitud. La verdadera historia de un genio solitario que resolvió el problema científico más importante de su época*. Madrid: Editorial Debate.

Sterling, B. (1992). *The Hackers Crackdown. Law And Disorder On The Electronic Frontier.* Nueva York: Bantam. Disponible a http://manybooks.net/titles/sterlingetext94 hack11a.html

Taleb, N. N. (2007). *The Black Swan. The Impact of Higly Improbable.* Nueva York: Random House.

Turmeda, A. (2004). *La disputa de l'ase.* Palma de Mallorca: Editorial Moll.

Walters, R. (2005). *Spread Spectrum. Hedy Lamarr And The Mobile Phone.* Charleston: BookSurge.